Le Mécanisme

de la

Vie moderne

PAR

le Vicomte G. D'AVENEL

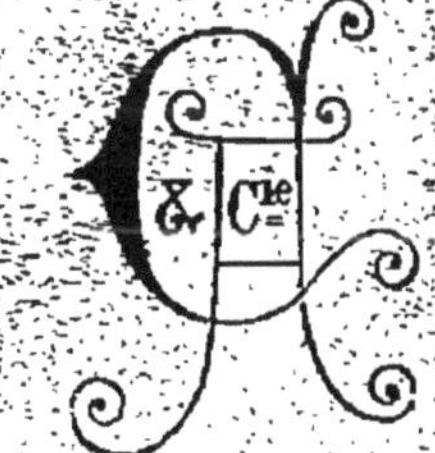

Paris, 5, rue de Mézières

Armand Colin & Cie, Éditeurs

Libraires de la Société des Gens de lettres.

LE MÉCANISME

DE

LA VIE MODERNE

OUVRAGES DU MÊME AUTEUR

La Fortune privée à travers sept siècles. 1 vol. in-18 jésus (1895).

Richelieu et la Monarchie absolue (Ouvrage couronné par l'Académie française. — GRAND PRIX GOBERT, 1889). 4 vol. in-8, 2ᵉ édition :

Le Roi et la Constitution. — La noblesse et sa décadence. — Administration générale (Finances, Armée, Marine, Cultes, Justice). — Administration provinciale. — Administration communale.

Histoire économique de la propriété, des salaires, des denrées et de tous les prix en général, *depuis l'an 1200 jusqu'à l'an 1800.* (Ouvrage auquel ont été décernés par l'Académie des sciences morales et politiques les *deux prix Rossi* de 1890 et de 1892.) — Les deux premiers volumes, publiés par le Ministère de l'Instruction publique dans la *Collection des documents inédits*, Imprimerie nationale (1894).

La réforme administrative. 1 vol. in-18 (1891).

Lettres du cardinal Mazarin *pendant son ministère* (suite de la publication commencée par M. Chéruel, dans la *Collection des documents inédits sur l'Histoire de France*; les tomes VII et VIII, Imprimerie nationale (1893-1895).

Les Évêques et Archevêques de Paris, *depuis saint Denys jusqu'à nos jours, avec des documents inédits.* 2 vol. in-8 (1876).

Coulommiers. — Imp. PAUL BRODARD. — 792-95.

LE MÉCANISME

DE

LA VIE MODERNE

PAR

Le Vicomte G. D'AVENEL

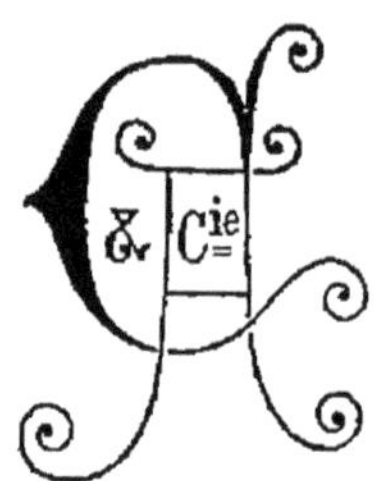

PARIS
ARMAND COLIN ET Cie, ÉDITEURS
Libraires de la Société des Gens de Lettres
5, RUE DE MÉZIÈRES
1896

PRÉFACE

LE PROGRÈS

En partant pour ce voyage d'exploration à travers les organes compliqués de l'existence actuelle, je n'ai emporté dans mes bagages aucune provision d'optimisme, nul parti pris d'entonner l'hosanna du siècle qui s'écoule, ou d'écrire une ode au Progrès. Ce pauvre Progrès, oserait-on bien en parler encore? On l'a tant vanté naguère ; il est maintenant de mode d'en médire. Où donc est la vérité?

Quoi de plus facile à ce sujet que de plaider le pour et le contre, puisqu'en effet il y a l'un et l'autre, ici, comme en toutes les choses humaines, si relatives! Le *progrès industriel* crée la grande et facile production, mais il crée aussi l'excessive concurrence et la surproduction ruineuse. Par lui certaines besognes ouvrières — surveillance des machines — sont devenues moins pénibles ; mais certaines autres — travail au fond des mines — le sont devenues davantage. Le *progrès médical* empêche beaucoup d'enfants de mourir ; mais il fait vivre bien des êtres défectueux, dont la vie n'est qu'une douleur prolongée. Le *progrès intellectuel* ouvre, développe et affine l'âme des masses. Grâce à lui le peuple lit, comprend, désire, pense et sent davantage, et par là il jouit; mais par là il souffre aussi. Car c'est tantôt jouissance et tantôt souffrance de sentir, penser et désirer. Qui prétendrait qu'un artiste fût, par profession, plus heureux qu'un laboureur et qu'il soit plus dur de remuer des moellons que des idées? Le *progrès politique* a fait lever d'innombrables créatures qui autrefois naissaient à genoux ; mais les plus hauts d'alors étaient aussi un peu à genoux, et le respect féodal, immeuble par destination, avait toute la banalité d'une attitude séculaire. Le régime nouveau a cela de bon que, remplaçant un

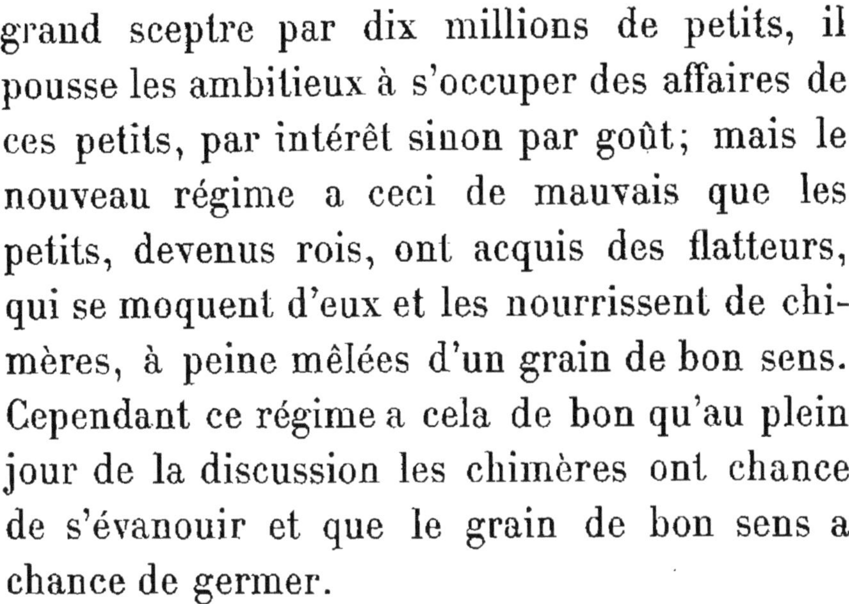

grand sceptre par dix millions de petits, il pousse les ambitieux à s'occuper des affaires de ces petits, par intérêt sinon par goût; mais le nouveau régime a ceci de mauvais que les petits, devenus rois, ont acquis des flatteurs, qui se moquent d'eux et les nourrissent de chimères, à peine mêlées d'un grain de bon sens. Cependant ce régime a cela de bon qu'au plein jour de la discussion les chimères ont chance de s'évanouir et que le grain de bon sens a chance de germer.

Ainsi, pour mesurer et comparer deux états matériels ou moraux d'un peuple, il faudrait chiffrer le pour et le contre, soustraire des gains obtenus les pertes éprouvées; la différence, si une pareille arithmétique était praticable, représenterait un résultat positif. Ce résultat paraîtrait mince toujours, au gré des contemporains trop exigeants. Il paraîtrait précieux aux yeux des anciens, s'ils revenaient en ce monde. Et — me sera-t-il permis de le dire? — l'on peut assimiler à ces anciens tout homme de notre temps qui a impartialement interrogé l'histoire : la connaissance du passé lui apprend à aimer le présent.

Elle lui enseigne aussi à ne pas rêver de rêves : tant qu'on n'aura pas supprimé la mort, on n'aura vraiment pas réalisé le souhait principal de l'unanimité des êtres, à l'exception des suicidés. Du moins faudrait-il allonger la vie, dans sa durée réelle ou dans sa durée *utile*, en réduisant les non-valeurs qui l'encombrent : enfance tardive, vieillesse précoce, sommeil inerte, infirmités et maladies; toutes périodes au cours desquelles ce qu'on nomme « vie » ne consiste guère qu'à n'être pas dans le tombeau.

Il conviendrait aussi de perfectionner notre corps. Quelle misère et que de fois on l'a déplorée! Ces « princes de la création » qui n'ont ni la force, ni l'adresse, ni les sens aiguisés de cent espèces d'animaux grouillant dans ce modeste univers! Quelle honte d'avoir de si mauvais yeux, de si piètres oreilles, un odorat si grossier; de ne pouvoir se promener librement ni dans les airs, ni sous les eaux, d'être plus faciles à égarer qu'un pigeon, plus sujets à estropier qu'un chat, et de n'égaler pas même, dans la prime jeunesse, les exploits amoureux du coq!

Et l'esprit? S'il faut nous résigner à ne dominer la nature que par ce seul côté, de quelle amélioration urgente notre intelligence ne ressent-elle pas le besoin! C'est pitié de ne savoir rien sans l'apprendre, et d'apprendre avec tant de peine, si lentement, et par conséquent si peu, que ceux parmi nous auxquels nous donnons les titres de savants ou d'habiles ne sont que des ignorants épouvantables, qui ont seulement quelque notion d'une certaine petite chose, comme résoudre un problème, peindre un tableau, lire une vieille inscription, prononcer un discours. Mais, parmi cette élite, pas un peut-être ne sait faire tout cela, pas un certainement ne saurait en outre jouer du violon, bâtir une armoire, diriger un bateau et empêcher un poêle de fumer.

Il y a le cœur enfin, le malheureux cœur de l'homme! Combien de progrès lui seraient nécessaires pour qu'il nous donnât pleine satisfaction! En lui conservant toute son élasticité, toute sa sensibilité du côté de la joie, le réformateur aurait à le paralyser totalement du côté de la douleur. Voilà qui n'a pas encore été trouvé! Quel charme ce serait d'avoir nombre de passions, d'ambitions, d'affections — j'entends de belles et de raisonnables — qui, satisfaites et victorieuses, donneraient le bonheur, et qui, déçues ou brisées, ne causeraient nul chagrin!

Ces hommes idéalement transformés, dont je trace l'esquisse informe, combineraient à coup sûr une « vie moderne » assez digne d'être vécue, et il y aurait plaisir à narrer pour nos descendants les changements accomplis dans ces jours prodigieux.

Hélas! Que notre humble « mécanisme » est éloigné de la réalisation d'un pareil programme! Étroitement confinés dans l'atmosphère sèche et raréfiée du bon sens, dans le compartiment de la vie matérielle, nous verrons seulement en décrivant ses rouages, en démontant ses ressorts pour mieux saisir leur jeu, comment nos concitoyens sont désormais mieux nourris, vêtus, meublés, mieux logés et éclairés que leurs pères; comment ils peuvent se procurer des plaisirs que les générations précédentes ignoraient, tels que de voyager ou de lire; comment la création d'un outillage collectif, l'emploi meilleur des ressources communes a su donner plus de biens en partage à l'heure présente, plus de sécurité au lendemain.

La « vie moderne » ainsi machinée, par une suite d'efforts, autrement que l'ancienne, est meilleure à certains égards, plus douce; elle ne l'est pas à tous les égards. Ce n'est pas une consolation pour qui perd une femme aimée, ou pour qui devient aveugle, de se dire qu'il a la chance de vivre dans un siècle où l'on a inventé les chemins de fer et créé le papier de bois.

Les chapitres qui suivent montreront ce qu'a fait ce siècle pour les vendeurs de travail, ces simples soldats sans héritage, épars dans la plaine, que les uns appellent des « ouvriers », des faiseurs d'ouvrage, et les autres des « prolétaires », des faiseurs d'enfants. Ces chapitres feront aussi apercevoir de quelle manière ont été acquis les résultats actuels, par quelle force spontanée, invincible, que, faute d'une expression meilleure, on nomme la « force des choses ». Ceux qui ont en mains ce dangereux outil, la puissance publique, et qui s'offrent de bonne foi à l'employer au profit de chères multitudes, pourront se convaincre que, marchât-il à la vitesse de cinq lois à l'heure, un Parlement brasserait et rebrasserait les codes de fond en comble sans parvenir à nous donner 50 grammes de bien-être par tête, et même sans que la somme des jouissances que les citoyens ont à diviser entre eux s'accrût seulement d'un morceau de sucre ou d'une chemise. L'État ne peut pas plus enrichir les contribuables qu'un nourrisson ne peut nourrir sa nourrice.

Un gouvernement peut procurer des bienfaits d'un certain ordre ; il ne procure pas tous les ordres de bienfaits. L'égalité, la liberté politique sont des maîtresses à aimer pour elles-mêmes ; elles donnent à leurs amants vraiment épris la félicité exquise de leur possession, sans les entretenir, par-dessus le marché, dans une oisive et universelle aisance. A se tromper sur ce point on risque de commettre mille fautes, et les fautes ici se paient souvent avec des vies et toujours avec des souffrances.

Avant d'étudier d'ailleurs, dans ses procédés et ses résultats, l'évolution du progrès moderne, il est bon de dépouiller toute illusion : les bienfaits de la civilisation présente ont eu le sort réservé a beaucoup de bienfaits ; ils n'ont engendré que l'ingratitude chez ceux qui les recueillent aujourd'hui. Jamais ce peuple français que nous sommes n'a été aussi heureux qu'à l'heure actuelle, et jamais il ne s'est cru plus à plaindre. Ses doléances ont grandi avec son bien-être et, à mesure que sa condition devenait meilleure, il la jugeait pire. La caractéristique de ce siècle favorisé entre tous est d'être mécontent de lui-même.

Il n'y a pas lieu de s'en étonner. Les siècles antérieurs présentaient l'image d'une société au repos; le XIXe siècle offre le spectacle d'une société en marche. Cependant, au point de vue social, l'aristocratie et la démocratie ne sont pas aussi différentes en réalité qu'elles croient l'être en principe : la première édicte la stabilité indéfinie des situations au profit des gens d'en haut; la seconde promet la mobilité permanente des destinées au profit des gens d'en bas. Mais la première n'a jamais pu faire observer absolument ses lois, et la seconde ne pourra jamais tenir complètement ses promesses. Il y a toujours eu beaucoup d'instabilité même parmi les privilégiés de droit d'une aristocratie; et il existera toujours un certain nombre de privilégiés de fait, même parmi la masse mouvante d'une démocratie. Seulement cette masse contemporaine supporterait plus volontiers l'égalité dans une misère stagnante que l'inégalité dans une croissante aisance. Ses réclamations proviennent, non pas de ce qu'elle manque du nécessaire, mais de ce que quelques citoyens ont acquis ou conservé du superflu.

A ces regrets, nul remède. Il n'y serait pas donné satisfaction, lors même que l'organisme du monde futur se perfectionnerait encore cent fois plus qu'il n'a fait jusqu'ici. N'oublions pas que la richesse consiste dans la possession, non de la chose belle, mais de la chose chère, c'est-à-dire de la *chose rare*; or M. de la Palisse eût observé qu'il est impossible qu'un objet puisse être à la fois très rare et néanmoins possédé par tout le monde. Les grands magasins fournissent un saisissant exemple de cette valeur d'opinion : ils s'appliquent sans cesse à mettre à la portée de tous des objets dont le plus grand mérite et l'attrait principal étaient d'être difficilement accessibles par leur prix; mais, lorsque chacun a constaté que l' « article » rare est partout, nulle part aussitôt on ne le veut plus avoir, et il tombe dans le mépris.

Puisqu'il ne paraît pas jusqu'ici possible à l'humanité de vivre sans rien faire, l'idéal consiste, pour atteindre un degré plus haut de bien-être matériel, à augmenter les salaires tout en diminuant le coût des marchandises ; de telle sorte que la journée de labeur représente un nombre sans cesse accru de kilos de blé, de litres de vin, de mètres de drap, ou d'entrées au café-concert. Ce problème, en apparence insoluble, de payer la main-d'œuvre plus cher, tout en abaissant le prix des objets manufacturés, importés du dehors ou tirés du sol national, le progrès moderne l'a résolu au plus grand profit de la classe des travailleurs de tout ordre qui forment la grande masse de la nation. La différence a été trouvée, soit sur la réduction de valeur et de transport des matières premières, soit sur le perfectionnement des procédés de fabrication, grâce auquel un ouvrier, payé plus cher, revient encore à meilleur marché qu'autrefois, parce que la quantité des marchandises qu'il produit a augmenté plus que son salaire.

Ces marchandises, une fois créées par l'industrie, il appartient au commerce de les faire parvenir à leur adresse, de les « écouler », comme on dit vulgairement, détaillées en petites parcelles selon les besoins minimes mais variés de chaque consommateur. Il importe que le commerce ne fasse pas renchérir exagérément les objets, qu'il ne cherche pas à obtenir un courtage excessif pour son rôle de distributeur ; autrement l'économie réalisée par les ateliers serait mangée par les boutiques et perdue pour le public. La transformation du commerce, dans l'acception la plus vaste de ce mot — non seulement du commerce des marchandises en général, mais aussi du commerce de l'argent que l'on nomme la banque, — se liait donc intimement à la transformation de l'industrie, pour tirer la quintessence des ressources qu'offre cette planète aux plus difficiles de ses hôtes, pour obtenir la plus grande somme de jouissances en échange du moindre effort.

Je ne crois pas, je l'avoue, à une moindre inégalité des conditions dans l'avenir, parce qu'on ne pourra jamais niveler ni la santé, ni l'intelligence, ni la volonté, ni restreindre ce domaine du hasard qui tient une place si grande dans la vie de chacun de nous, et que des lois plus libérales, des communications plus rapides, permettent des spéculations plus vastes, partant plus lucratives. Il y aura donc toujours des gros lots, dans la loterie humaine, comme il y en a parmi les obligations démocratiques que la ville de Paris offre à ses prêteurs ; il y aura des gros lots pour les hommes, il faut cela pour améliorer la race, comme il faut des prix pour les collégiens et pour les chevaux et des timbales au sommet des mâts de cocagne. Et ces gros lots continueront à provenir de toutes les mises perdues. L'on persistera d'ailleurs, parmi les porteurs de numéros non gagnants, à protester contre l'honnêteté du tirage. Toutefois les gémissements les plus forts ne cesseront de venir de ceux qui n'ont pas pris de billets à la loterie, c'est-à-dire des paresseux et des incapables, insurgés perpétuels contre « l'inégale répartition des produits du travail ! » Ceux-là pourtant, ces « exploités », comme ils s'intitulent, ont profité ainsi que les autres de l'effort commun, de la marche du temps dans lequel ils ont la bonne fortune de vivre. Ils récoltent, tout en maugréant, les fruits des arbres qu'ils n'ont point plantés.

L'homme se regarde beaucoup moins qu'il ne se compare. La plupart de ses privations, comme de ses jouissances, sont de comparaison. Non absolues par conséquent, mais relatives, ou, si l'on peut dire, d'une réalité factice. Il n'est au pouvoir de personne de toujours rire ni de toujours pleurer. Les plus malheureux saisissent, pour se réjouir, de vulgaires prétextes, et, pour être absurde, leur joie sans base n'en est pas moins de la joie, l'épanouissement d'une heure. Les plus heureux trouvent à s'affliger des raisons futiles, et leur douleur, bien qu'illusoire, n'en est pas moins de la douleur.

A mesure que les individus se mêlent et que les conditions s'améliorent, le pauvre a plus de ressources, de lumières et de désirs, mais ses désirs surpassent perpétuellement ses ressources. Lors même que nous serons parvenus à doter le plus déshérité d'entre nous d'aliments abondants, de vêtements confortables, d'un agréable logis et de beaucoup de loisirs, le tout en échange d'un peu de travail, croyez-vous donc qu'il se reconnaîtra heureux? Oh! que non pas! Et qu'est-ce donc que le bonheur? Hélas! c'est précisément la satisfaction de ce que nous sommes, de ce que nous avons; c'est la résignation. Cette résignation est le contraire du progrès; et le contraire de la résignation, l'ambition, l'effort, est le progrès même. Mais l'ambition et l'effort ne sont pas le bonheur, sauf pour quelques dilettantes de la chasse aux joies temporelles qui aiment mieux courir que tenir et préfèrent voir le gibier en plaine que dans leur assiette. Donc le bonheur n'est pas le progrès, l'ardeur au mieux, qui est profitable à la collectivité, est en quelque façon destructeur du bonheur de l'individu, parce qu'il le pousse à n'être jamais satisfait. A cet égard la civilisation, qui donne tant de jouissances réelles, ne donne pas le bonheur moral; peut-être même lui est-elle contraire, parce qu'elle suscite plus d'appétits qu'elle n'en assouvit et que les tristesses imaginaires ne sont pas les moins poignantes. S'il y avait des hommes immortels, la mort ne serait-elle pas beaucoup plus triste pour les autres? Si personne, comme a dit Pascal, « ne s'est jamais affligé de n'avoir pas trois yeux », c'est apparemment parce que personne ne les a jamais eus; du jour où un seul Français posséderait ce troisième œil, tous les autres Français seraient inconsolables aussitôt de ne plus en avoir que deux.

LE MÉCANISME

DE

LA VIE MODERNE

CHAPITRE I

LES MAGASINS DE NOUVEAUTES

I

Le grand commerce sous l'ancien régime.

Tendance actuelle de l'industrie à se spécialiser et du commerce à se généraliser. — Les trois unités classiques des commerçants. — Suppression des intermédiaires par les foires d'autrefois. — Elles paralysent les coalitions locales. — *Landit*; foire Saint-Germain. — Leur importance diminue dans les temps modernes. — « Merciers-Grossiers. » — Impossible de trouver, à Paris, plusieurs pièces de damas de même nuance. — Marchands *bizoirs*. — Essais de groupement sous Louis XV.

Un mouvement inverse pousse aujourd'hui l'industrie à se spécialiser, et le commerce à se généraliser. Chaque industriel tend à ne fabriquer qu'un seul produit, ou du moins qu'un très petit nombre de produits, pour les faire mieux, en quantité plus grande et à meilleur marché. Chaque commerçant tend à réunir des marchandises de plus en plus diverses, pour en vendre davantage, et à les vendre de plus en plus vite, pour les faire payer moins cher aux acheteurs, tout en gagnant plus au bout de l'année. A ce double but tendent les grands magasins que des gens inconséquents maudissent en les faisant prospérer, et dont la création récente est un bienfait pour le consommateur.

Toute la querelle, entre prôneurs et détracteurs des grands magasins, se peut résumer dans la réponse à cette question : Le commerce est-il fait pour le public, ou le public pour le commerçant? Est-il permis, comme ce jovial écrivain qui s'écriait : « Béni soit Dieu qui a placé les tunnels là où passent les chemins de fer! » de penser que le Seigneur, dans sa munificence, ait créé la clientèle pour faire vivre le petit marchand? Il existe présentement deux théories diamétralement contraires qui jouissent, dans les mêmes cervelles, d'un égal degré de faveur : l'une consiste à supprimer les intermédiaires — les agriculteurs s'efforcent de vendre directement leurs denrées, les ouvriers de fabriques rêvent de vendre directement leur travail. — Chacun s'applique à réduire les bénéfices interposés entre les producteurs et les consommateurs. Les pouvoirs constitués prêtent la main à ce mouvement par la législation nouvelle sur les syndicats et sur les sociétés coopératives. Mais, à côté de cette haine de l'intermédiaire minable qui vend cher et gagne peu, se développe dans l'opinion un mauvais vouloir non moins vivace contre la seule espèce de commerçants qui gagnent beaucoup en vendant bon marché, contre ces bazars immenses qui précisément réalisent, dans une large mesure, la suppression souhaitée des intermédiaires. Quant aux pouvoirs officiels, ils font, comme le sabre de M. Prudhomme, le pour et le contre avec la même conviction : ils encouragent la jalousie de la petite boutique contre la grande par la législation spéciale des patentes. Ceux d'ailleurs dont l'esprit est hanté de ces deux idées contradictoires — suppression des intermédiaires et protection du petit commerce — ne conforment leur conduite privée ni à l'une ni à l'autre : si bien que le chiffre d'affaires des grands magasins augmente sans cesse, et que la concurrence des syndicats n'atteint pas les petits détaillants, là où ils sont vraiment utiles.

Le mouvement de concentration est la caractéristique de la vie moderne : les grandes nations succèdent aux petits États, les grandes capitales succèdent aux petites cités, les grandes usines aux petites échoppes ; les grands paquebots chargeant dans de grands ports remplacent les voiliers amarrés dans des cuvettes d'eau de mer, comme les chemins de fer ont remplacé les diligences, les coches et les messagers. Les entreprises où se complaît l'activité contemporaine deviennent de plus en plus colossales, exigent de plus en plus la forme de l'association. Mais cette révolution ne supprime pas la classe des commerçants-ouvriers; chaque jour au contraire il s'en établit de nouveaux. Il y a deux siècles chaque famille rurale faisait son pain et chaque bourgeoise faisait ses robes. S'il n'en est plus de même aujourd'hui, c'est que l'on a reconnu qu'il était parfois préférable de s'adresser à un intermédiaire que de s'en passer. La division du travail est l'essence de la civilisation; c'est elle qui a substitué le système de l'intermédiaire au particularisme de nos ancêtres, qui faisaient tout par eux-mêmes, comme Robinson dans son île.

Si donc c'est une sottise de croire que l'on puisse supprimer le commerce, c'en est une autre pourtant que de regretter la forme qu'il revêtait nécessairement autrefois; soumis aux trois unités, comme la tragédie classique : unité de boutique, unité de marchandise, unité de commis ou d'apprenti, l'ancien marchand voyait son essor borné moins encore par les règlements que par les conditions matérielles de l'existence. On ne se figure pas le *Bon Marché* ou le *Louvre* dans une ville de quelques centaines de mille âmes, à une époque où ni les gens ne se remuent ni les choses ne se déplacent. Marchands et bourgeois, enfermés dans leurs murailles, étaient condamnés à s'acheter exclusivement les uns aux autres ce dont ils avaient besoin ; peut-être le commerce indigène eût-il pu, par une coalition facile, établir les prix de vente à sa guise pour la clientèle locale, si un élément étranger ne fût venu, à intervalles prévus, arbitrer la valeur des marchandises.

Cette concurrence exotique, régulatrice des prix, qui remplissait, dans les simples chefs-lieux de sénéchaussée comme dans les centres populeux, l'office de la quatrième page des journaux et des catalogues de nos grands magasins actuels, était celle des foires franches, bazars ambulants d'une population immobile. Paris lui-même, quoique le commerce normal y fût plus mouvementé qu'ailleurs, avait ses deux grandes foires, l'une à Saint-Denis, le *Landit* annuel — où les filous des quatre coins du royaume se donnaient rendez-vous, à la suite des marchands et des acheteurs ; — l'autre en plein faubourg Saint-Germain, près de l'église Saint-Sulpice, au cœur de la capitale. Celle-ci n'était pas seulement une occasion de fêtes, de « braveries », de cadeaux aux dames — Louis XIII donnait à la reine 4 000 écus (70 000 francs actuels) pour sa foire, — mais aussi le siège de négociations fort actives, une exhibition de marchandises analogue aux « expositions » trimestrielles de nos magasins contemporains. Là les manufacturiers de toute la France, les « ouvriers », comme on disait alors, venaient en personne débiter leurs produits.

Les foires ne jouirent pas toutes du même degré de vogue, et le succès de celles qui réussirent ne fut pas éternel. Celles de Champagne, fameuses au XIIIe siècle, lorsque chaque fabricant du Midi y avait son entrepôt spécial, étaient tombées cent ans après au quart de leur importance, si l'on en juge par les taxes perçues sur les marchands. Taxes légères toujours — une vingtaine de francs d'aujourd'hui pour le loyer d'une boutique à Saint-Denis, sous Henri III; — le profit venait du grand nombre des vendeurs. A la foire de Beaucaire, au temps de Richelieu, il y avait pour 6 millions de francs actuels de marchandises. Loin d'imposer un surcroît de charges à ces marchands exceptionnels qui venaient rivaliser avec le commerçant du cru, on les favorisait; leurs pacotilles étaient exemptées des droits de douanes et d'octrois, à l'entrée et à la sortie. Tous les règlements se relâchaient, toutes les barrières s'abaissaient pour faciliter les transactions; la procédure et la paperasserie étaient muselées. Une légende — je veux croire que ce n'est qu'une légende — voulait qu'à Bordeaux, durant les quinze jours des foires qui se tenaient au printemps et à l'automne, le cours habituel des lois fût suspendu. Les pères avaient, dit-on, droit de vie et de mort sur les enfants, et les maris sur leurs femmes, et n'encouraient aucune peine s'ils en usaient, pourvu qu'ils jurassent solennellement « avoir obéi à un mouvement regrettable de colère ».

Peu à peu, à mesure que les communications devinrent plus faciles et la concurrence mieux établie, les foires déclinèrent. Au moyen âge, on ne les trouvait jamais assez longues; telle, qui devait durer huit jours, dépassait en fait un mois. Aux derniers temps de l'ancien régime, la durée légale était au contraire rarement atteinte; elle s'abrégeait par le seul consentement des vendeurs et des acheteurs, même en des provinces arriérées comme la Basse-Bretagne. Sur les champs de foire les plus fréquentés, le loyer des maisons baissa singulièrement du XVIe siècle au XVIIIe. Cette vie de nomade, de colporteur, devint odieuse aux négociants. Les commis voyageurs étaient alors peu estimés : « Qui fait ses affaires par commission, disait un vieux proverbe, va à l'hôpital en personne. »

Des commerçants que l'on a souvent, de nos jours, considérés comme les ancêtres des marchands de nouveautés, étaient les merciers, « qui tiennent magasin sans vendre au détail », grands seigneurs du trafic, auxquels une ordonnance royale permettait d'acheter la noblesse. Mais s'il est vrai que, seuls entre tous les corps d'état, les merciers pouvaient tenir toutes espèces de marchandises, s'ils étaient quincailliers, tapissiers, joailliers, marchands de vin et de jouets à la fois; s'ils connaissaient déjà les pompes de l'étalage, sachant « garnir des gants » et attacher galamment des rubans aux habits; si l'on faisait dans la mercerie les grandes fortunes, au point que tel qui n'avait pas 500 livres vaillant à son début se retirait avec des millions, il était interdit au « mercier-grossier » de faire la vente au détail. S'il voulait entrer en rapport direct avec le public, il avait les mains liées par les règlements que l'on connaît. Ses débordements étaient réprimés bien vite en un temps où les tailleurs d'habits ne pouvaient travailler que sur mesure, où les « pourpointiers » avaient défense de faire des culottes, et les « chaussetiers » de faire des pourpoints, où chaque pièce d'étoffe avait son état civil et ne pouvait entrer dans le monde sans être munie de papiers en règle, la largeur des soieries étant mûrement délibérée en conseil d'État, de même que la couleur des lisières.

Mais aussi quel pauvre assortiment dans les boutiques! Le gouvernement fait chercher en 1630, dans tout Paris, du damas rouge pour l'ameublement des galères de la Méditerranée, et « il ne s'en peut trouver, écrit-on au grand maître de la navigation, plusieurs pièces de la même nuance ». L'on songe à en envoyer chercher à Gênes; mais, comme « il y a beaucoup de risques », on se contente de « recueillir dans les villes du Midi ce qui se trouvera de bien semblable. »

La seule concurrence que rencontrât, à Paris comme en province, le commerce local parqué et étiqueté, était celui des forains qui vendaient des toiles à la halle, ou des « blanquiers » qui venaient débiter divers objets en plein air, avec l'autorisation du conseil de ville, par la voie de la loterie. Les ventes à la criée, en cas de retraites ou de faillites, troublaient seules le cours ordinaire des échanges. Sans doute il y eut quelques essais de groupements de divers comptoirs en un seul magasin : des marchands *bizoirs* se sont installés à Nevers en 1675; ils étaient, dit-on, simples merciers en arrivant, et depuis ont fait « des monopoles pour ruiner les autres marchands, qui ont été contraints de quitter leur négoce... S'ils n'étaient pas là, ajoutait-on, leur commerce donnerait de l'emploi à deux cents habitants. »

Ne croit-on pas lire, à la fin de notre siècle, le programme désolé de la « Ligue contre les grands magasins », où sont syndiqués les griefs de ceux que M. Émile Zola a fortement personnalisés, dans son *Bonheur des dames*, en ce type du marchand de parapluies, épique champion du passé, enseveli sous les ruines de ses manches d'ombrelles? Ces « bizoirs » de Nevers s'étaient, paraît-il, beaucoup enrichis, ce qui ne contribuait pas peu à les rendre haïssables. Le privilège de tenir à Paris, pendant vingt ans, un magasin général pour la vente au détail de toutes marchandises, fut obtenu sous Louis XV, par un banquier du nom de Kromm, qui distribuait des prospectus et des catalogues sur le modèle de ceux d'aujourd'hui. J'ignore ce qu'il advint de cette initiative, qui disparut sans laisser de trace; comme ces puissantes associations de marchands, issues au moyen âge de la hanse teutonique, phalanstères de deux ou trois mille individus, qui renfermaient à la fois des boutiques d'étalages, des hangars pour les marchandises, et, pour les *facteurs* — ainsi nommait-on jadis les commis, — des cuisines et des chambres à coucher.

II

Le « Bon Marché. »

Débuts de la « nouveauté ». — « M. Calicot. » — Le *Combat des montagnes*. — « Mlle Percaline. » — « Un magasin de nouveautés, je ne mettrais pas cent sous dedans! » — Aristide Boucicaut; la légende et la vérité sur les commencements du *Bon Marché*. — L'ancienne « vente au procédé ». — Le pseudo-« jésuite » bailleur de fonds. — Mort du fondateur en 1887. — Mme Boucicaut; son œuvre. — 150 millions d'affaires en 1893. — Bénéfices nets de 8 millions. — Pas d'autres actionnaires que les employés.

Avec la liberté du commerce débutèrent, sous Napoléon Ier, les magasins de nouveautés actuels, ou plutôt les devanciers de ceux que nous voyons aujourd'hui; car, de ces novateurs qui florissaient au temps où l'acteur Brunet incarnait le personnage de « M. Calicot », récemment mis à la scène par Scribe et Dupin, dans le *Combat des montagnes*; de ces maisons, fameuses en 1817, qui s'appelaient la *Fille mal gardée*, le *Diable boiteux*, le *Masque de fer* ou les *Deux Magots*, il ne subsiste plus une seule. Beaucoup de celles mêmes qui les ont remplacées, sous Louis-Philippe, ont plus tard sombré comme la *Belle Fermière* et la *Chaussée d'Antin*, ou liquidé médiocrement, comme le *Coin de rue* et le *Pauvre Diable*.

Quoique les grands magasins, pris en bloc, aient réussi, il y eut beaucoup de vaincus parmi ces vainqueurs. Ils paraissaient encore si aléatoires au commencement du second empire, que le père de M. Deschamps, sollicité par son fils qui venait de fonder la *Ville de Paris* de lui confier ses économies, ripostait avec sa méfiance de Bas-Normand : « Un magasin de nouveautés, je ne mettrais pas cent sous dedans ! » M. Deschamps n'en réalisa pas moins une fortune qui parut alors exceptionnelle.

Le « calicot » que les Forains de la Restauration ne se firent pas faute de caricaturer, lorsqu'il prétendit usurper, humble civil, la tenue militaire en arborant des moustaches, ce « chevalier de l'aune », bruyant et un peu comique, ou sa sentimentale compagne « Mlle Percaline », qui appartiennent l'un et l'autre à l'histoire des mœurs de ce siècle, ne se reconnaîtraient plus dans leurs successeurs, fonctionnaires des grands magasins d'aujourd'hui, volontiers hommes de sport et propriétaires de chasses louées à prix d'or.

Cette aristocratie nouvelle est le pur produit de l'intelligence et du travail. Ceux qui l'ont fondée sont de toutes petites gens ; le capital n'a joué qu'un rôle très modeste, et parfois absolument nul, dans le succès de ces entreprises. Aristide Boucicaut, fils d'un petit chapelier de Bellême (Orne), était en 1852 employé au *Petit-Saint-Thomas* lorsqu'il devint, à quarante-deux ans, l'associé de M. Vidau, qui possédait à l'extrémité de la rue du Bac un magasin à l'enseigne du *Bon Marché*. La clientèle assez pauvre, le quartier plutôt malpropre, le chiffre d'affaires — 450 000 francs, — rien ne pouvait alors faire présager les destinées de cet établissement. On a raconté que, pour attirer du monde, Boucicaut donna gratis le fil et les aiguilles aux ouvrières des environs. La vérité, c'est qu'il imagina l'un des premiers la vente à très petit bénéfice.

Le public avait le choix jusqu'alors entre de bonnes étoffes, qui étaient chères, ou des étoffes bon marché qui étaient mauvaises ; l'originalité consistait à vendre la marchandise garantie au prix de la marchandise de camelote. La marque en chiffres connus, autre innovation hardie qui supprimait le marchandage et la « vente au procédé », c'est-à-dire la majoration de l'objet suivant la physionomie des acheteurs, le « rendu », permettant au client d'annuler à volonté son marché, enfin le paiement presque intégral des employés par une commission sur les ventes, tels furent les éléments constitutifs de la nouvelle organisation que Boucicaut, Hériot et leurs imitateurs perfectionnèrent à l'envi les uns des autres. Le succès couronna leurs efforts, succès de vente tout d'abord, plutôt que succès de gain.

Ç'a été en effet le génie des fondateurs de ces vastes comptoirs, tous désireux pourtant de s'enrichir, de viser à vendre beaucoup plutôt qu'à gagner beaucoup et de presque renoncer au bénéfice immédiat pour assurer davantage le bénéfice futur. La réclame, qui fut un des moyens d'action du système, ne pouvait donner de résultats durables que si le client était satisfait; et, quoique la révolution qui se produisit il y a quarante ans dans la fabrication et le prix des tissus ait certainement favorisé le commerce des nouveautés, on n'aurait pas appris aux Parisiens le chemin d'une boutique sise entre les Petits-Ménages et les Incurables s'ils n'y eussent été conduits par un juste souci de l'économie. Aussi, quoique le chiffre de vente du *Bon Marché* eût passé, de 1852 à 1863, de 450 000 francs à 7 millions, il ne semble pas que les profits encaissés eussent suivi une marche ascensionnelle correspondante.

Est-ce à ce motif que l'on doit attribuer la rupture de MM. Boucicaut et Vidau, entre lesquels les rapports étaient très tendus depuis plusieurs années? M. Vidau se retira, en vendant le fonds 1 520 000 francs à son associé, qui était loin de posséder le chiffre nécessaire pour le désintéresser. Le bruit courut que la somme avait été avancée à

M. Boucicaut par des maisons religieuses, et que les jésuites commanditaient l'affaire. En réalité, le « jésuite » était un M. Maillard, naguère employé de commerce à Paris, lequel avait fait fortune en exploitant à New York un restaurant, qui n'avait rien de dévot, joint à une confiserie à la mode. Aucune part ne lui était donnée d'ailleurs dans la direction du *Bon Marché*, où M. et Mme Boucicaut demeuraient seuls maîtres. Grâce à leur labeur et à leur adresse, la maison prospéra au point que, six ans après (1869), M. Boucicaut, qui avait acquis peu à peu l'îlot compris entre les rues de Sèvres, Velpeau, du Bac et de Babylone, posait la première pierre des bâtiments industriels destinés à remplacer les logis bourgeois, aménagés tant bien que mal pour le commerce. La vente s'élevait alors à 21 millions de francs. Après avoir vu le chiffre de ses affaires grossir en 1877 jusqu'à 67 millions, le fondateur de cette institution magnifique mourut sans qu'il lui fût donné d'en suivre la marche vers son apogée. Son fils le suivit de près et sa veuve hérita seule du magasin.

Sans famille proche, parvenue au seuil de la vieillesse et jouissant d'une fortune quasi « royale » — comme on disait au temps où les rois étaient les plus riches des hommes, — la simple ouvrière qu'avait été Marguerite Guérin eût pu se retirer, en cédant à des conditions avantageuses cette entreprise qu'elle savait ne devoir être continuée par aucun des siens. Elle n'y songea même pas. A son tour elle voulut jouer, sur la scène commerciale, l'un des plus nobles rôles qu'il ait été donné à un patron de remplir; dans ce ménage, désormais historique, chacun des deux époux eut sa part de grandeur. Le mari avait réalisé sa conception du négoce nouveau dans une maison exceptionnellement florissante; la femme fit passer cette maison, moitié de son vivant, moitié après sa mort, par des contrats qui ressemblaient plutôt à des donations qu'à des ventes, sur la tête des collaborateurs anonymes qui avaient contribué à la faire prospérer. Elle compléta cette œuvre, d'une portée sociale qui dépassait de beaucoup les limites de la philanthropie, en dotant ce phalanstère du *Bon Marché* d'institutions de retraites et d'épargne qui demeurent des modèles.

La mort de M. Boucicaut n'avait pas interrompu le succès de l'établissement; depuis le décès de sa veuve, survenu en 1887, les affaires n'ont cessé de se développer encore. Elles ont atteint en 1893 le chiffre de 150 millions de francs, le plus élevé auquel il ait été donné à une maison de commerce de parvenir jusqu'ici dans le monde. Rapproché de ce chiffre prestigieux, le total des bénéfices nets, quoique considérable en lui-même, semble relativement modeste. Il justifie le grand organisme des attaques auxquelles il est en butte. Les bénéfices du *Bon Marché*, qui ont été l'année dernière de 8 millions, ne représentent en effet qu'un courtage d'environ 5 pour 100 sur le prix des objets qui ont traversé ses galeries. Ces 8 millions sont le résidu laissé dans la caisse par les 150 millions que le public y a versés après qu'il a été payé par le magasin 118 millions à ses fournisseurs et qu'il a été pourvu aux frais généraux dont le coût s'élève à 24 millions. Sur ces 8 millions, 1 million a été porté à la réserve statuaire, qui monte aujourd'hui à 27 millions; 200 000 francs ont été versés à une réserve spéciale d'incendie, qui atteint déjà 6 500 000 francs; le solde de 6 800 000 francs, auquel viennent s'ajouter environ 400 000 francs de rente provenant des valeurs mobilières figurant dans la réserve, a été distribué aux actionnaires.

La réserve actuelle est le produit d'une épargne très sévère, puisqu'au début de la société formée par Mme Boucicaut entre elle et ses employés, on décida qu'il ne serait pas distribué un centime de dividende jusqu'à ce que les économies eussent atteint 6 millions de francs; qu'ensuite, jusqu'à 20 millions, il serait mis à part 45 pour 100 des bénéfices; et qu'enfin, au-dessus de 20 millions jusqu'à 40 formant le maximum auquel on s'arrêtera, 25 pour 100 du gain annuel serait placé en fonds d'État ou obligations de chemins de fer. Grâce à ce capital immobilisé, les actionnaires ont pu acquérir de l'Assistance publique, moyennant 14 millions, l'immeuble où est actuellement installé le *Bon Marché* et diverses maisons nécessaires aux services annexes, ce qui les dispense du paiement de tout loyer.

En fixant, il y a quatorze ans, à 20 millions, divisés en 400 parts, le capital nominal de la société nouvelle, Mme Boucicaut était volontairement restée bien au-dessous de la vérité. Son apport personnel, représenté par le fonds de commerce, le matériel et les marchandises, valait le triple de ce qu'elle l'estimait; quant à l'argent que ses « associés » étaient censés lui apporter, c'est elle en grande partie qui le leur avança. Enveloppant sa générosité de papier timbré, cette femme admirable s'arrangeait pour donner ingénieusement ce qu'elle paraissait vendre, puisque beaucoup de parts ne furent payées par leurs titulaires que sur les bénéfices qui leur étaient attribués. Seulement Mme Boucicaut exigea que le personnel demeurât l'unique propriétaire de ces parts ; soucieuse de concentrer les profits entre les mains des travailleurs qui les créaient, elle fit interdire par les statuts de vendre les actions à d'autres qu'aux employés de l'établissement. Et, pour que le plus grand nombre possible de ces employés fût admis au partage, d'une part on limita le nombre d'actions que chacun pourrait acquérir, de l'autre on divisa ces actions en huitièmes.

La mesure était d'autant plus opportune, qu'émises en 1880 au prix de 50 000 francs, ces actions rapportent aujourd'hui 18 000 francs et sont cotées au cours de 320 000 francs, à la « bourse » intérieure du *Bon Marché*. Les huitièmes de part, dont le dividende est par conséquent de 2 250 francs, trouvent aisément preneur à 40 000 francs et davantage; capitalisation élevée pour une affaire commerciale et qui prouve la confiance du personnel dans l'entreprise à laquelle il est attaché. Le nombre des participants augmente sans cesse; de simples garçons de magasin, aussi bien que des chefs de comptoir, possèdent leur huitième d'action, si bien que ces 400 parts ou 3 200 coupures sont aujourd'hui entre les mains de 500 employés ou anciens employés.

Nous parlons d'*anciens* employés : c'est là l'écueil de cette institution, comme de toutes les coopératives de production du passé et de l'avenir. Comment obliger l'employé qui prend sa retraite à se défaire d'une propriété qui représente souvent l'effort d'une vie entière? Serait-il équitable de contraindre ses héritiers à céder leurs actions? Or, quoique la société du *Bon Marché* soit d'origine bien récente, un certain nombre des 500 participants se reposent déjà dans la vie bourgeoise de trente ans d'une fiévreuse activité; chaque année en voit disparaître de nouveaux, et, dans un demi-siècle, si la maison existe encore, la plus grosse part du capital appartiendra forcément à des étrangers. Que vaudrait cependant une forme de coopération qui enrichirait les travailleurs pauvres et les dépouillerait de la fortune, une fois qu'ils l'auraient acquise ?

III

Le « Louvre ».

La république du *Bon Marché* et la monarchie du *Louvre*. — Les administrateurs du *Bon Marché*. — Chauchard; rêve d'un employé au *Pauvre Diable*. — Auguste Hériot, « premier aux soies » de la *Ville de Paris*; il est le véritable fondateur. — Construction de l'hôtel du Louvre. — Déboires primitifs; quinze cents francs de bénéfices. — Actions tombées à moitié de leur valeur, puis rapportant 400 pour 100. — Chiffres d'affaires successifs.

Gouvernement monarchique à l'origine puisqu'il était la propriété exclusive d'un seul homme, le *Bon Marché* est devenu une sorte de république, par le nombre et la qualité des détenteurs du capital, autant que par la forme du pouvoir exécutif, confié à un triumvirat dont les membres se renouvellent fréquemment. Les fonctions de M. Plassard, premier gérant en titre, ont pris fin l'année dernière; celles de M. Morin se terminent cette année; celles de M. Fillot l'an prochain. Ainsi l'autorité supérieure se renouvelle et la raison sociale change sans cesse; la durée des pouvoirs du gérant nouveau, M. Ricois, nommé en 1893, est de cinq ans. Les personnes investies de cette dignité sont largement rémunérées. L'allocation de chacune d'elles s'est élevée, pour le dernier exercice, à environ 200 000 francs. Seulement il ne paraît pas dans l'esprit de l'institution de les maintenir longtemps en jouissance de ce maréchalat de la nouveauté, où l'on ne parvient qu'après avoir parcouru tous les échelons de la hiérarchie : M. Morin, fils de cultivateurs, a débuté petit commis au *Bon Marché* en 1856; chef de comptoir en 1868, administrateur en 1874, fondé de pouvoir en 1880, il a été promu à la gérance en 1887. Ses collègues ont des états de service identiques.

Le même souci d'empêcher l'esprit de routine de pénétrer dans les rouages dirigeants de la machine a réglé le renouvellement du conseil d'administration. Les quinze membres de cet état-major, dont chacun reçoit un traitement moyen de 55 000 francs et dirige trois ou quatre rayons, sont tenus, à cinquante ans révolus, de résigner leurs fonctions et de céder la place à d'autres. Une organisation analogue se retrouve dans la plupart des magasins similaires, avec cette différence qu'administrateurs et gérants sont ailleurs les employés d'un patron, au lieu d'être, comme au *Bon Marché*, des mandataires élus par leurs pairs.

C'est ainsi qu'au *Louvre* aucune parcelle du capital

n'appartient au personnel exploitant, que le directeur même, M. Honoré, ne possède pas le quart d'une action. Le *Louvre* a suivi, dans son histoire, une marche inverse à celle du *Bon Marché*. L'autorité effective y passa des financiers commanditaires entre les mains du gérant auquel le magasin doit sa fortune, M. Auguste Hériot. Les actionnaires s'effaçant de plus en plus devant lui, il centralisa si fortement l'autorité qu'elle demeura telle, même sous les moins capables d'entre ses successeurs, et que l'absolutisme risqua ainsi de compromettre l'œuvre après l'avoir fondée.

Hériot, Boucicaut, les noms de ces deux initiateurs résument toute la révolution commerciale que l'on croit terminée et qui au contraire commence. Quoiqu'il fût de beaucoup inférieur à Boucicaut sous le rapport de la valeur morale, Hériot ne lui cédait en rien sous celui de l'intelligence. Pourtant l'idée de la création du *Louvre* appartient à M. Chauchard. Employé au *Pauvre Diable* en 1854, ce dernier passait chaque soir le long des constructions qui s'élevaient dans le prolongement, récemment percé, de la rue de Rivoli — sur le terrain où Jeanne d'Arc, rendant Paris à la France, planta la bannière royale, — et rêvait de loger dans quelque coin de ces bâtisses un magasin de nouveautés. Mais comment M. Pereire, président de l'*Immobilière* et fort gros personnage en ce temps-là, consentirait-il à traiter avec un commis sans surface ni autorité? Les opérations d'édilité étaient alors dans l'enfance et, pour exciter les entrepreneurs, l'administration avait dû garantir au futur hôtel du Louvre l'exemption de tout impôt pendant trente années. Créer un de ces hôtels spacieux, tels que Paris n'en possédait pas encore, avait été l'idée personnelle de Napoléon III; y joindre un magasin gigantesque devait sembler fort audacieux.

Le jeune Chauchard obtint, non sans peine, du puissant financier une audience qui lui parut d'abord ne pas devoir être longue : M. Pereire le reçut debout, sans lui indiquer un siège. L'employé du *Pauvre Diable* comprit qu'il n'avait pas de temps à perdre et entra en matière avec chaleur. S'il ne réussit pas à convaincre son interlocuteur par l'exposé de ses plans d'avenir, il obtint du moins la promesse d'un bail avantageux pour l'ensemble des boutiques situées à l'angle des rues Saint-Honoré et Marengo. Le soir, il confiait tout soucieux à son barbier, qui était un peu son ami, les difficultés que semblait devoir rencontrer encore la réalisation de ses projets. — Il lui faudrait un associé capable. — J'ai votre affaire, dit le Figaro, et le lendemain il mettait Chauchard en relation avec Hériot, « premier aux soies » à la *Ville de Paris*, désireux de quitter son patron dont il n'avait pas obtenu, au dernier inventaire, l'augmentation qu'il espérait. Malheureusement, si Chauchard n'avait pas grand'chose — une quarantaine de mille francs — à mettre dans la future maison de commerce, Hériot, fils d'un petit marchand de vin de Saint-Mandé, n'avait rien du tout. Tous deux se mirent en quête d'un troisième associé apportant des fonds et décidèrent M. Faret, propriétaire de la *Belle Française*, faubourg Montmartre, à se joindre à eux avec une somme ronde de 100 000 francs.

L'acte d'association fut ébauché dans un café du quartier, où Hériot se fit attendre une heure et demie, n'osant s'absenter de son magasin sans permission, de peur d'être mis à la porte avant que son nouvel emploi fût devenu définitif. Entre temps l'hôtel du Louvre, dont les travaux étaient poussés activement en vue de l'exposition de 1855, s'achevait. Pour la première fois les entrepreneurs avaient eu recours à la lumière électrique afin de doubler le labeur de jour; des retards inopinés s'étaient produits; on sortait de la grève fameuse des charpentiers, qui tua la charpente en bois à Paris.

Aussi le *Louvre* offre-t-il cette particularité assez rare de marier dans sa structure les pans de bois des vieilles maisons aux planchers en fer des constructions modernes. Le 9 juillet 1855, MM. Faret, Chauchard et Hériot informaient les dames qu'ils venaient d'ouvrir à l'enseigne du *Louvre* un magasin de nouveautés. Cet appel fut peu entendu; si peu que, lorsqu'au bout de douze mois ils firent leurs comptes, les trois associés se trouvèrent en présence de quinze cents francs de bénéfices à partager.

M. Faret, là-dessus, prit peur et retira ses 100 000 francs. Il fut remplacé par un marchand de soieries, M. Payen, qui, n'osant pas risquer son argent dans une commandite aussi hasardeuse, consentit seulement à *prêter* une somme égale à la mise de M. Faret. MM. Chauchard et Hériot continuèrent seuls, et cette fois avec assez de chance pour que le Conseil de l'*Immobilière* se décidât à former avec eux une société au capital de 1 100 000 francs divisés en parts de 5 000 francs chacune. Les bénéfices devaient être partagés entre les commanditaires et les gérants. Ces derniers, pour rassurer les bailleurs de fonds, stipulèrent qu'il serait prélevé avant tout partage un intérêt de 5 pour 100; tant que les gains ne dépasseraient pas la somme nécessaire pour y faire face, les gérants se contenteraient d'un traitement de 500 francs par mois.

Ce fut, pendant plusieurs années, ce qui arriva; soit que les affaires fussent effectivement médiocres, soit plutôt que M. Hériot, qui dirigeait presque seul le magasin, affectât les excédents de recettes à l'extension indéfinie des comptoirs. Cependant beaucoup d'actionnaires se lassaient; parmi ces découragés de la première heure, on est surpris de rencontrer de hardis financiers tels que M. Fould. L'enthousiasme des porteurs de parts se refroidit même au point que plusieurs d'entre eux préférèrent réaliser à perte et que les titres tombèrent de 5 000 francs à 2 500. Tel capitaliste plus avisé racheta alors à moitié prix une douzaine de ces actions, dont chacune a rapporté l'année dernière 19 000 francs, à peu près 400 pour 100 de sa valeur d'émission. Cette valeur s'accrut lentement; la duchesse de Galliera, propriétaire d'un certain nombre de parts, ne fit aucune difficulté de les céder, en 1878, pour 5 000 francs chacune, à M. Auguste Hériot.

A la mort de ce dernier, l'un de ses amis, M. Vidron, argua d'engagements pris par le défunt pour obliger le commandant Hériot, son frère et unique héritier, à lui racheter, moyennant 40 000 francs l'une, cinq de ces actions dont il était nanti. Le commandant Hériot s'y refusa; d'où procès que M. Vidron perdit. Mais il se trouva avoir plaidé à qui perd gagne; puisque ces titres, même au prix où il les estimait il y a une douzaine d'années, produisent aujourd'hui 50 pour 100. Je ne rappelle ces menus faits de l'histoire du *Louvre*, que pour montrer combien la confiance fut longue à naître dans l'esprit de ceux mêmes qui voyaient le magasin grandir.

Si les dividendes distribués demeuraient, en effet, presque nuls, les bénéfices n'en étaient pas moins notables. Le magasin les engloutissait au fur et à mesure qu'ils se produisaient; mais la valeur du fonds social grossissait sans cesse. Bien qu'elle ait été portée au chiffre de 22 millions en 1875, sans aucun versement nouveau, lors de la reconstitution de la Société, *elle excède de beaucoup cette somme, puisque l'immeuble, entièrement payé sur les recettes, représente à lui seul* 15 millions au prix d'achat d'il y a vingt ans, que les marchandises en valent au moins autant à l'inventaire annuel, et que le fonds de commerce, avec son agencement et son outillage, ne peut être évalué à moins de 20 millions. Cette somme de 50 millions, issue des 1 100 000 francs de l'origine, est le résultat de vingt-cinq années de succès et surtout d'épargne. La génération des fondateurs a semé plus qu'elle n'a récolté. La vogue, vogue immense et triomphale de l'heure actuelle, est assez récente. Quoique le *Louvre*, aujourd'hui dépassé par le *Bon Marché*, ait atteint le premier ce chiffre longtemps rêvé de 100 millions, on était loin d'espérer un pareil mouvement d'affaires, non seulement à la fin de l'Empire — nous avons dit plus haut que le *Bon Marché* faisait 21 millions en 1869, — mais même durant les premières années de la République : en 1875, le *Louvre* ne dépassait guère une quarantaine de millions.

Il a atteint, au cours de l'année dernière, un total de 120 millions ; les bénéfices *distribués* pour l'exercice 1893 se sont élevés à 8 360 000 francs. Le dividende de 19 000 francs par action n'a été dépassé qu'une seule fois, lors de la retraite de M. Chauchard, qui répartit 23 000 francs en liquidant à peu près les réserves. Depuis lors, piqué d'émulation par la conduite prudente du *Bon Marché*, le *Louvre* s'est appliqué à constituer un fonds de prévoyance, d'autant plus utile, en cas d'incendie par exemple, que les compagnies d'assurances — se souciant peu de la clientèle des magasins de nouveautés, depuis le sinistre du *Printemps* — ne prennent qu'une partie des risques et se font payer de très grosses primes. Cette mise annuelle à la réserve devrait, pour avoir le total des bénéfices, être ajoutée aux dividendes; mais de ceux-ci il faudrait déduire environ 1 million, provenant de l'exploitation des hôtels Terminus et du Louvre, que la Société présidée par M. Émile Pereire a jointe à son commerce de nouveautés. Ce million compensant, à peu près, le bénéfice non distribué sur le magasin, le gain de 8 360 000 francs, rapproché du chiffre d'affaires de 120 millions, fait ressortir le produit net à 6.90 pour 100, soit à un taux sensiblement supérieur au *Bon Marché*, qui ne prélève pas plus de 5.33 pour 100.

Cette différence entre les deux grands bazars peut tenir soit à ce qu'ils ne vendent pas tout à fait les mêmes qualités de marchandises au même prix l'un que l'autre; soit à ce que le *Bon Marché* se montre, sur le chapitre des frais généraux, plus large que le *Louvre*. Les actionnaires de ce dernier magasin feraient certainement une bonne affaire en se lançant avec moins de circonspection qu'ils ne l'ont fait jusqu'ici dans la voie tracée par M. et Mme Boucicaut; attendu que les générosités du *Bon Marché* vis-à-vis de ses employés se sont transformées en une réclame du meilleur aloi.

Les 440 actions du *Louvre* sont aujourd'hui entre les mains de 19 personnes; mais, tandis que 17 d'entre elles ne possèdent ensemble que 90 parts, les deux autres, MM. Chauchard et Olympe Hériot, perçoivent ensemble les trois cinquièmes du dividende total, ce qui procure à chacun d'eux un revenu de 3 325 000 francs par an.

IV

« Belle Jardinière. » — « Printemps. » « Samaritaine. »

La *Belle Jardinière* sous le mercier Parissot. — Les vieux chapeaux anglais sous Henri IV. — Émancipation des fripiers. — De 12 mètres de surface à 3400. — Changement de clientèle. — Jules Jaluzot; comment il fonde le *Printemps*. — Rayons montant d'étage en étage. — Inconvénients d'un capital excessif. — La *Samaritaine*. — « Bien vêtu, peu à faire. » — M. et Mme Cognacq. — « L'huile de bras. » — Quarante millions d'affaires avec trente mille francs.

A côté de ces colosses du trafic parisien, les autres maisons apparaissent petites et les péripéties de leur histoire n'offrent plus le même intérêt. Jetons pourtant un regard sur le passé de quelques-unes. Bien que la *Belle Jardinière* ne soit, par son chiffre de vente — 38 millions de francs, — que le quatrième de nos grands magasins, elle est néanmoins la plus ancienne en date. Durant la seconde moitié de la Restauration (1826), P. Parissot tenait dans la Cité une petite boutique de mercerie qui, en raison de son voisinage du marché aux fleurs, avait pour enseigne : *A la belle Jardinière*. L'usage existait alors d'acheter le drap au marchand et de le porter chez le tailleur à façon. Le tailleur-fournisseur d'étoffe était un industriel de luxe, au besoin banquier usuraire d'une clientèle d'élite. Les seuls habits que l'on vendît tout faits étaient les vieux. Un commerce que le progrès a tué est celui du « mar...chand d'habits », dont le cri, familier naguère à nos oreilles, a presque complètement cessé de se faire entendre.

Le débit facile des costumes d'occasion s'expliquait par le prix élevé des habits neufs. La friperie ne reculait pas, aux heures de crise, devant l'importation étrangère. L'assemblée des notables, au commencement du règne de Henri IV (1597), se plaignait que les Anglais « remplissent le royaume de leurs vieux chapeaux, bottes et savates, qu'ils font porter à pleins vaisseaux en Picardie et en Normandie ». Sous Louis XVI, les fripiers s'étaient émancipés jusqu'à « avoir l'insolence de tenir des habits neufs tout faits » ; la protestation coalisée des corporations rivales les avait fait rentrer dans l'ordre. En reprenant la tentative des fripiers novateurs de l'ancien régime, Parissot se borna d'abord au costume de travail des divers métiers, puis à la veste de gala du prolétaire. Trente ans après, le propriétaire de l'échoppe minable qui occupait primitivement 12 mètres carrés, avait assez développé la vente des vêtements fabriqués en gros pour des moyennes de taille, pour que, malgré ses agrandissements successifs, la place lui manquât toujours (1856). Il s'était peu à peu annexé vingt-cinq maisons formant le pâté au coin duquel il avait débuté.

Le capital de l'entreprise était à cette époque de 3 millions, nominalement, puisque cette somme n'avait jamais été versée, mais qu'elle représentait, comme au *Bon Marché* et au *Louvre*, une part des bénéfices employés en perfectionnements. A sa mort, la famille de P. Parissot le remplaça; l'un de ses membres, M. Charles Bessand, a conservé jusqu'à ce jour la direction de la *Belle Jardinière*. Ce fut lui qui opéra le transfert du magasin, exproprié en 1866 pour la construction de l'Hôtel-Dieu, dans l'immeuble qu'il occupe actuellement, sur 3 400 mètres de superficie, auprès du Pont-Neuf.

Une installation de toute autre mine et plus confortable que l'ancienne, le rapprochement du centre, contribuèrent à accroître le chiffre de la vente. Les actions de 50 000 francs montèrent à 250 000 francs; elles furent alors morcelées en 600 dixièmes de part, qui rapportent aujourd'hui 4 000 francs environ. Un bénéfice net de 2 400 000 francs, rapproché des 38 millions qui forment le chiffre d'affaires, représente un gain de 6.30 p. 100, inférieur à celui du *Louvre* et supérieur à celui du *Bon Marché*. Certains chapitres de frais généraux

— tels que la publicité, — ou de profits et pertes — tels que les marchandises soldées, — qui grèvent lourdement le budget des maisons de nouveautés, sont plus légers à la *Belle Jardinière* qu'ailleurs ; mais les détails d'administration exigés par la main-d'œuvre de la marchandise y exigent une comptabilité plus coûteuse.

Toutefois l'examen attentif des profits de ces divers établissements montre que le grand commerce d'aujourd'hui se contente de bénéfices beaucoup moindres que le petit marchand d'autrefois. Outre cette différence dans le gain de l'intermédiaire, l'acheteur est favorisé encore par la réduction des frais généraux et surtout par l'abaissement des prix de revient du magasin, qui, faisant des commandes de quatre et cinq cent mille francs d'un seul coup — cent fois plus fortes que celles du détaillant minuscule, — obtient des industriels un tout autre traitement qu'eux. Ce prix avantageux que les consommateurs se flattent, et avec raison, d'obtenir du fabricant par leur groupement en syndicats et en coopératives, est déjà en grande partie acquis au public par l'intervention de ces courtiers énormes, qui pèsent de tout le poids de leur clientèle sur le producteur et l'obligent à se contenter, lui aussi, d'un gain raisonnable. Si la concurrence qui s'établit alors entre les fabricants oblige à disparaître les petits ateliers, incapables de lutter de bon marché avec les grandes usines, c'est la loi même du progrès qui s'accomplit. S'en étonner ou s'en indigner, c'est déplorer les résultats les meilleurs de la civilisation.

Des deux autres maisons qui figurent sur un rang peu différent de la *Belle Jardinière*, l'une, le *Printemps*, appartient à une société venue tardivement, après succès déjà escompté; l'autre, la *Samaritaine*, a pour maître unique un ménage dont la poussée rapide prouve que l'intelligence et la volonté suffisent pour réussir, sans argent, en ce siècle où l'on gémit si fort sur la « féodalité financière ».

M. Jules Jaluzot, fondateur du *Printemps*, était, en 1865, chef du comptoir des soies au *Bon Marché*. Enrichi par son mariage, il eût désiré posséder dans le magasin une part de propriété. Voulut-il, comme le raconte la légende, forcer un peu la main à son patron pour y parvenir, et ayant intentionnellement excédé, comme acheteur des soieries, la quantité de marchandises qu'il était autorisé à acquérir, offrit-il à M. Boucicaut, mis ainsi momentanément dans l'embarras, de lui avancer les fonds nécessaires? Ce dernier, devinant la petite malice de son employé, se fâcha-t-il et retira-t-il sa confiance à ce chef de service trop ambitieux? Toujours est-il que M. Jaluzot quitta le *Bon Marché* à cette époque et bâtit au coin du boulevard Haussmann une maison de rapport dont les étages inférieurs devaient servir à loger le nouveau magasin du *Printemps*.

Son capital personnel, d'environ 300 000 francs, passa tout entier dans le premier achat de marchandises; la maison réussit à souhait au point de vue du chiffre de vente... mais non au point de vue du bénéfice; à la fin de la première année, les 300 000 francs étaient mangés. M. Jaluzot continua et, comme il ne tarda pas à faire 4 millions d'affaires, il rentra vite dans ses débours. Le local devint trop étroit; d'étage en étage les rayons montèrent, au fur et à mesure que les locataires déménageaient; puis, selon la progression ordinaire, les maisons voisines furent envahies une à une.

Survint l'incendie de 1881, à la suite duquel M. Jaluzot, pour rebâtir et exploiter le *Printemps*, crut devoir faire appel au crédit et fonda une société en commandite au capital de 35 millions. Rien n'expliquait l'importance de ce chiffre, puisque le principe même du commerce des nouveautés est de brasser de grosses ventes avec un capital aussi réduit que possible. Le propriétaire du *Printemps*, qui passa à cette époque pour avoir fait une opération très habile, me semble au contraire s'être gravement trompé sur ses véritables intérêts; puisque s'il avait marché à nouveau sans aucun secours étranger, grâce aux indemnités reçues des compagnies d'assurances, et même en empruntant pour payer ses agrandissements, il se trouverait aujourd'hui avoir remboursé ses prêteurs hypothécaires et jouirait seul de bénéfices dont il ne perçoit, comme principal actionnaire, qu'un peu plus du quart : 506 000 francs, c'est-à-dire le revenu de 18 000 actions sur 70 000.

Ce procédé, si usité depuis vingt-cinq ans, de mise en actions d'entreprises anciennes, où l'exagération du capital demandé aux actionnaires est destinée à masquer l'estimation majorée de l'apport des propriétaires primitifs, n'a de raison d'être et n'est vraiment avantageuse à celui qui l'emploie, que lorsqu'il veut réaliser tout ou partie des titres qui composent son apport. La combinaison à laquelle M. Jaluzot s'arrêta a donc été fâcheuse en même temps pour lui et pour ses commanditaires, qui demeurent embarrassés sous le poids de leur capital. Si bien qu'au lieu de chercher de l'argent pour faire des affaires, la société du *Printemps* a été forcée, depuis son origine, de chercher des affaires pour faire valoir son argent. Le tiers de la somme versée eût largement suffi au magasin pour prospérer. Aussi, pour faire travailler ses fonds, s'est-il improvisé fabricant de sucre, raffineur, banquier et entrepreneur. Beaucoup de ces placements parasites n'ayant pas été heureux, le dividende de 28 francs pour les actions émises à 500 francs est presque entièrement fourni par la maison de nouveautés, qui n'absorbe qu'une fraction du capital et doit pourtant en rémunérer la totalité. Sur les 2 400 000 francs que la Société du *Printemps* a gagnés l'année dernière, le magasin, à lui seul, a produit environ 2 millions, résultat de 34 millions d'affaires.

A l'exemple du *Bon Marché*, M. Jaluzot a conçu la louable pensée de transférer peu à peu à ses employés la propriété du *Printemps*; seulement, comme les chances de plus-value paraissent moindres qu'à l'établissement de la rue du Bac, il a dû imposer à chacun des membres de son personnel l'achat d'un certain nombre d'actions suivant son grade, depuis 25 pour les chefs de rayon jusqu'à une pour les simples commis. Les chiffres ci-dessus n'étant que des *minima* obligatoires, on compte déjà 75 employés ayant plus de 10 parts et assistant comme actionnaires à l'assemblée générale.

Tandis que le *Printemps* semble, tout en gagnant autant que ses confrères, être moins heureux qu'eux, parce que ses actions, trop nombreuses, sont cotées moins haut, la *Samaritaine* est arrivée, sans bourse délier, à un total de vente, non seulement égal, mais supérieur. M. Cognacq, son propriétaire, faisait il y a quarante-deux ans — il en a aujourd'hui cinquante-six — ses études au petit séminaire de Pons, en Saintonge, grâce à une demi-bourse de 400 francs. Devenu orphelin et sa famille ne pouvant continuer à payer cette faible somme, il dut, à quatorze ans, choisir une profession pour gagner sa vie. Il se décida pour la nouveauté, où, pensait-il, « on était bien habillé tout en paraissant ne pas faire grand'chose ». Il ne tarda pas à s'apercevoir que, pour qui voulait réussir, la seconde au moins de ces deux opinions était erronée. Après avoir passé chez divers patrons et promené des étoffes à ses risques et périls, comme marchand forain, dans les petites villes des environs de Paris, le jeune Cognacq qui, dans ce métier ingrat, avait réalisé sou à sou quelques épargnes, conçut en 1869 le projet hardi de s'établir à son compte. Il prit en location provisoire, moyennant 15 francs par jour, un magasin de la rue du Pont-Neuf, et réussit assez pour y faire l'année suivante un bail de quelque durée. En 1872, il possédait une dizaine de mille francs; il épousa Mlle Jay, « première » du rayon des costumes au *Bon Marché*, qui lui apportait une dot à peu près double, économisée sur ses appointements. Les nouveaux époux se berçaient de l'espoir d'atteindre un jour le chiffre de 300 000 francs d'affaires, qui leur procurerait une petite aisance pour la vieillesse.

Comme ils étaient tous deux intelligents et appliqués, ils inspiraient confiance à leurs fournisseurs. On leur offrit des avances; ils les refusèrent afin de ne pas compromettre l'indépendance de leurs achats. Ils ne demandèrent le succès qu'au seul labeur, à « l'huile de bras », dit Mme Cognacq. Le magasin occupait une douzaine d'employés. Patron et patronne couraient le matin les dépôts de fabriques, rentraient en hâte pour présider à la vente durant l'après-midi; le soir venu, ils faisaient leurs comptes et marquaient leurs marchandises jusqu'à minuit; ce qui ne les empêchait pas d'être le lendemain levés à l'aube, pour surveiller le nettoyage, un plumeau à la main, tout en ramassant les bouts de ficelle et les papiers blancs qui pouvaient servir à empaqueter. On comprendra l'importance de ces petits détails, quand on saura que la ficelle, à elle seule, coûte annuellement 40 000 francs au magasin du *Louvre*.

La vogue du comptoir des confections, où Mme Cognacq avait fait preuve de qualités supérieures, entraîna très vite le succès de la maison. Elle grandit avec une rapidité surprenante. Le chiffre espéré de 300 000 francs avait été tout de suite dépassé; en 1874, le nombre des employés était de 40 et les affaires atteignaient 840 000 francs. Elles s'élevaient à 1 900 000 francs en 1877, à 6 millions en 1882, à 17 millions en 1888, à 25 millions en 1890, et à 40 millions en 1895. Aujourd'hui M. Cognacq est un puissant millionnaire, et peut-être s'est-il relâché un peu de sa surveillance primitive, puisqu'en 1889 son caissier central, qui jouait aux courses, a pu lui dérober 2 500 000 francs sans qu'il s'en aperçût.

V

Règles d'achat et de vente.

Exiguïté du bénéfice net. — Rapports du marchand et du fabricant. — Le public seul maître des prix. — Part des rayons fixée chaque mois. — Chef de comptoir, acheteur indépendant. — Appui prêté à l'industrie; « lettres de commission ». — 87 000 colis sur la « glissoire ». — Comment se décide la « marque ». — Concurrences des magasins entre eux. — Le « ressort » imposé. — La ganterie, seul comptoir en perte. — La chasse aux « rossignols ». — Les « soldes »; leurs origines multiples. — L'ancienne « guelte » et l'intérêt actuel des commis.

Toutes les entreprises ne furent pas aussi heureuses. Ceux même de ces bazars magnifiques qui tiennent tout ce qu'ils promettent, et qui ont grandi si vite par notre commune volonté, demeurent des colosses aux pieds d'argile. Si l'on songe combien est mince le bénéfice net, c'est-à-dire le seul écart qui puisse faire défaut au grand magasin sans qu'il se trouve en perte — 5 1/2 à 6 1/2 pour 100 du chiffre d'affaires, — si l'on compare à ce léger boni le prélèvement des frais généraux qui ne se peuvent pas réduire, du moins aussi vite que la vente pourrait se ralentir, on voit combien ces succès sont fragiles, et que de causes diverses pourraient les rendre éphémères. Londres possède un bon nombre de coopératives prospères ; Paris déjà en a quelques-unes, mais confinées encore dans certains quartiers et bornées à certaines catégories d'acheteurs. L'idée maintenant est mûre ; elle fera son chemin, avec ou malgré les pouvoirs publics et malgré la plaisante audace de quelques députés qui, voulant faire de nous des guillotinés par persuasion, espèrent enchaîner la foule des consommateurs au char d'une poignée de petits intermédiaires. Le seul moyen pour les grands magasins de lutter avantageusement contre les coopératives, et de les empêcher de prendre pied serait de réduire eux-mêmes jusqu'à la dernière limite leur prix de vente. C'est du reste à quoi ils s'appliquent.

Chaque rayon forme comme une petite maison dans la grande, et son chef est une espèce de patron. L'usine commerciale, fortement centralisée pour la marche générale de ses services, demeure autonome pour le mécanisme de l'achat et de la vente. Détail à noter : les magasins de nouveautés qui vendent tant de choses s'interdisent d'en fabriquer aucune. Toutefois leurs commandes, pour certains articles, suffisent seules à alimenter des fabriques qui ne travaillent que pour eux. Ainsi le producteur est sûr de pouvoir écouler, et son unique client est sûr de pouvoir se procurer la marchandise à des conditions stables. Dans un commerce qui a beaucoup à souffrir de l'instabilité des prix de vente, la fixité des prix d'achat n'est pas une quantité négligeable. Des écrivains, évidemment sincères, se sont faits l'écho de contes assez naïfs sur le despotisme dont les grandes maisons — véritables seigneurs féodaux — useraient vis-à-vis de leurs fournisseurs, vilains taillables à merci. Si les industriels n'en tiraient pas un profit raisonnable, ils ne s'efforceraient pas tous d'obtenir les commandes des grands magasins. Les prix sont librement débattus, sans que l'un des contractants puisse opprimer l'autre ; parce que, si les fabricants se font concurrence entre eux auprès des magasins, les magasins, petits et grands, se font concurrence à leur tour vis-à-vis des fabricants. Le prix d'achat du marchand est lui-même réglé sur le prix de vente, qui dépend des caprices du public.

Ces géants du commerce de détail qui, de loin, semblent omnipotents, subissent au contraire de la façon la plus étroite les lois de l'offre et de la demande. Le directeur ou le conseil fixe, le premier du mois, le crédit dont chaque rayon pourra disposer jusqu'au mois suivant, selon son importance et selon la saison. On se guide, pour en déterminer le chiffre, sur la vente du mois correspondant de l'année précédente, et aussi sur les résultats obtenus durant les trente derniers jours, résultats que présente un tableau d'ensemble, où les totaux de la vente annuelle des rayons figurent à côté des achats qu'ils ont effectués. On peut ainsi restreindre la part des rayons qui n'ont pas rempli les prévisions et augmenter la part de ceux qui les ont dépassées. Il importe en effet de proportionner aussi exactement que possible les entrées de marchandises aux sorties, pour éviter les stocks d'où proviennent les pertes d'intérêt et les articles défraîchis ou démodés.

Ces bases établies, le chef de rayon se meut à peu près librement dans son domaine. Acheteur unique, il est fréquemment absent : à Lyon, pour les soieries ; au Puy, à Calais ou en Belgique, pour les dentelles ; à Grenoble, Chaumont ou Milan, pour les gants ; à Roubaix ou à Reims, pour les lainages ; à Elbeuf ou Sedan, pour les draps ; à Cambrai, Armentières ou dans les Vosges, pour les toiles. Il est parfois donné au grand magasin d'aider l'industrie nationale, par la force de sa clientèle, mieux que les gouvernements par des subventions puisées au budget : depuis la guerre de 1871, le *Louvre* a, par ses commandes, ramené à Saint-Étienne la fabrication des velours de Crefeld ; il a en partie remplacé les jouets de Nuremberg par des jouets français, et a créé, dans les Hautes-Pyrénées, l'industrie des tricotages dont Berlin et Kemnitz avaient, il y a dix ans, le monopole.

Les « lettres de commission » du *Louvre* ou du *Bon Marché* sont, pour le fabricant pauvre ou gêné, le commencement ou le retour de la fortune ; avec elles, il peut battre monnaie, trouver du crédit pour l'achat des matières premières. Un souci maladroit du lucre pousserait-il le grand bazar à abuser de cette puissance? Son intérêt même le lui défend; pour traiter avec des maisons solides, il doit laisser au manufacturier une marge de gain raisonnable. Le succès d'une industrie y développe la concurrence, par la concurrence le progrès, et, en définitive, le bon marché du produit fabriqué; tandis que, dans une branche de travail qui souffre, il se crée, sur les ruines de la masse, quelques monopoles de fait dont l'acheteur doit subir la loi.

A mesure que la marchandise arrive, le service de la réception en prend charge et procède à une vérification sommaire du poids et de la quantité : 6 500 000 kilogr. représentant 87 000 colis, venant de province ou de l'étranger, passent chaque année sur la « glissoire » du *Bon Marché*, sans parler des livraisons de Paris. Des délégués de chaque rayon s'assurent de la qualité des objets, en font monter une partie au magasin, et logent le reste dans des « réserves » que chaque comptoir possède au sous-sol.

Il faut alors décider la « marque », le prix de vente. Rien n'est plus faux que de représenter le grand magasin comme pouvant à son gré, soit l'abaisser pour ruiner ses concurrents, soit l'exagérer pour grossir ses bénéfices. Toutes ces maisons de nouveautés faisant de nombreuses annonces, le public féminin, qui forme les gros bataillons de leur clientèle, compare sans cesse leurs catalogues les uns aux autres; aucune d'elles ne pourrait majorer une marchandise, sans en voir cesser aussitôt le débit. Bien mieux : poursuivant à l'envi les uns des autres la dernière limite des concessions à faire, les chefs de comptoir sont exactement au courant du prix de vente de leurs spécialités dans chacun des magasins rivaux.

Le *Louvre* offre-t-il pour 1 fr. 50, à la quatrième page des journaux, le mètre de tel tissu de coton, le *Bon Marché*, qui fait sa publicité le lendemain, portera le même madapolam à 1 fr. 40 et le *Louvre* ripostera parfois le surlendemain en le cotant 1 fr. 35. Il n'est pas rare de voir certains prix corrigés ainsi, alternativement, à quelques jours d'intervalle. Pour se rendre compte de la marchandise à laquelle correspondent ces prix, les chefs de comptoir du *Bon Marché* font souvent acheter au *Louvre*, ainsi que ceux du *Louvre* au *Bon Marché*, quelques décimètres des étoffes sur lesquelles porte principalement la bataille, afin de pouvoir répondre à la cliente qui objecte une différence de 5 ou 10 centimes avec les prix d'une autre maison : « Madame, ce n'est pas le même article. »

Le plus curieux est que souvent c'est la vérité.

L'on se serre de si près entre marchands d'une part, entre fabricant et marchand de l'autre, que, pour ne pas arriver à vendre au même prix, il faut effectivement qu'il y ait quelque légère différence dans la qualité. Il a été objecté que, grâce à la « compensation des bénéfices », le magasin qui vend un grand nombre d'articles et comprend un grand nombre de rayons peut en sacrifier quelques-uns pour ruiner ainsi les petits commerçants. Mais, s'il est toujours facile de vendre à perte, il l'est beaucoup moins de surfaire impunément. Pour que la compensation s'établît entre l'article majoré et l'article sacrifié, il faudrait que le premier se vendît autant que le second. Or il ne se vendrait pas, parce qu'il s'établirait des spécialistes qui, n'ayant rien à compenser, le livreraient, eux, à plus bas prix.

Chaque rayon a, comme les plus petites boutiques, ses objets de réclame et ses objets de gain; la compensation s'établit, non pas d'un rayon à l'autre, mais dans l'intérieur de chaque rayon, de sorte que le « ressort », la différence de l'achat à la vente, apparaisse en fin d'année à un chiffre suffisant. Cette solidarité des grands magasins, qui empêche chacun de hausser seul aucun prix, les oblige tous à baisser une catégorie d'objets lorsqu'un d'entre eux s'est décidé à le faire. Un frein naturel, le souci de ne pas travailler « pour l'amour de Dieu », s'oppose à la multiplication de ces pertes volontaires. Le seul comptoir à peu près sans « ressort » est celui de la ganterie, dont la mission exclusive est partout d'attirer du monde. Le magasin de nouveautés vend les gants en moyenne 4 pour 100 net de plus qu'il ne les paye; les frais généraux étant de 16 à 17 pour 100 du chiffre d'affaires, le rayon de ganterie se trouve en perte de 12 à 13 pour 100. Le bas prix a dû stimuler la vente, car le gant, comparativement à sa modeste part dans la toilette, atteint dans les grandes maisons un assez joli chiffre : 5 400 000 francs au *Bon Marché*, où 60 employés débitent annuellement 1 500 000 paires de gants, depuis l'humble filoselle qui cache à peine le poignet jusqu'au chevreau qui gante le coude. Les affaires, dans leur acception la plus générale, comportent une part d'aléa incompressible; à cet égard, on peut dire que l'inégale répartition des bénéfices, la compensation de pertes inattendues par des profits exceptionnels, est l'âme de tous les commerces et de toutes les industries possibles.

Le bénéfice net varie sur chacun des articles d'un même rayon, suivant sa part de frais généraux. Pour livrer un bahut de cuisine de 10 francs à l'extrémité de Neuilly, le *Louvre* mobilisera un omnibus, deux hommes et deux chevaux, montera le meuble au quatrième et essuyera peut-être des reproches très vifs parce que ses porteurs ont frôlé de trop près la peinture de l'escalier. Une cliente se fait envoyer à domicile un plateau de 95 centimes ; elle est absente et l'on prie le garçon de repasser pour la facture. Le même garçon reviendra quatre ou cinq fois avant d'être payé ! Nul doute que, dans tous les cas de ce genre, il y ait perte pour le magasin.

Pour la fixation du chiffre de vente, on ménage en principe une différence de 25 pour 100 au-dessus du prix de revient; mais ce n'est là qu'une *moyenne*. Les chances plus ou moins bonnes de l'écoulement sont les seules règles des appréciations du chef de comptoir. Souvent, un tissu ou un meuble, commandés six mois auparavant, sont déjà moins à la mode au jour de la livraison, ou bien le fabricant a consenti des rabais ultérieurs; on « marque » à perte. D'autres, au contraire, ne pourront plus être obtenus qu'à un prix plus élevé; on leur fait porter une surcharge. Des articles payés le même prix se trouvent être plus ou moins réussis; on en fait deux ou trois catégories, forçant l'étiquette de ceux dont l'aspect est le meilleur, et avilissant celle des autres pour qu'ils ne « boudent » pas à l'étalage. Dans ces bazars modernes, la loi de l'offre et de la demande règne sans obstacle; le public fait et défait les prix sans cesse. Mais les changements s'opèrent toujours par voie de réduction. Le magasin ne pourrait, sans irriter grandement ses acheteuses, majorer une série d'objets du jour au lendemain — lorsqu'il prévoit ne pas pouvoir les remplacer à temps, — pour en ralentir la vente et en augmenter le profit. Afin d'accuser à l'inventaire un écart de 21 pour 100 environ entre le total des achats et celui des ventes, le rayon doit prendre soin de marquer d'abord tous ses articles à 25 pour 100 *en moyenne*, de façon à se réserver la facilité de solder à perte ceux qui s'attardent dans les vitrines ou dans les cartons, tout en conservant sur l'ensemble le bénéfice exigé.

La bête noire de la nouveauté contemporaine c'est le « rossignol » — le « garde-boutique », comme disaient les merciers sous Louis XIV. Seulement, l'ancien négoce ne se décidait jamais à ces baisses régulières, à cette hécatombe formidable des marchandises. Le renouvellement fréquent du capital est au contraire un des fondements du nouveau système. Selon le mot du directeur du *Louvre*, « il faut revoir sans cesse son argent ». Cet argent, bien entendu, ne repasse pas dans tous les comptoirs avec la même fréquence; des buffets de 3 000 francs ne se vendent pas aussi couramment que des parapluies de 10 francs. Mais, si les premiers tournent à l'inamovibilité, on les solde sans plus de cérémonie qu'un chapeau de paille. Un art de la nouveauté a été de tirer habilement parti de cette perte, de transformer en amorce ces articles qu'il faut expulser à tout prix, ces « talons » de pièces qui ne valent plus pour le vendeur que le poids du chiffon et que le public s'arrache à 22 sous, parce que l'étoffe a valu 12 francs le mètre.

Tous les soldes aussi ne constituent pas une perte pour le grand magasin : en position d'être bien renseigné sur les faillites, les liquidations judiciaires, les stocks de marchandises aux abois, il profite très légitimement de ces aubaines. Tantôt ces soldes, sur lesquels il gagne, lui servent à balancer les siens propres, toujours onéreux; tantôt il y trouve une réclame gratuite. M. Jaluzot écoula en quelques semaines à vil prix un lot énorme de fleurs artificielles qu'il avait eu lui-même pour peu de chose. Un fabricant de Lyon, désireux de se venger d'une maison de soieries de la capitale qui, après lui avoir commandé 400 pièces d'un tissu de valeur, n'avait consenti à en prendre que 100, céda les 300 autres à M. Hériot, pour le tiers de leur prix, en lui faisant promettre de les vendre à son tour sans bénéfice. Ainsi l'article était « tué » et l'acheteur des 100 premières pièces ne pourrait les écouler qu'avec grande perte. On voit qu'il y a un peu de tout dans les soldes, voire des rancunes à satisfaire.

Mais l'évacuation de la marchandise dépréciée s'opère avec la même loyauté que la vente de la marchandise nouvelle. Le prix se modifie, mais il est toujours indiqué à l'acheteur en chiffres connus. Chacun a vu, chez les marchands qui persistent dans un usage naguère universel, ces étiquettes cabalistiques que les initiés seuls peuvent traduire. A qui demande la raison de ces marques conventionnelles, il est répondu qu'un acheteur peut être amené par un commissionnaire, auquel il faut ménager une remise en élevant le prix de vente, ce qui deviendrait impossible avec la marque en chiffres connus. La vérité est que ces hiéroglyphes chaperonnent une foule de « trucs » ingénieux mais vieillis, qui conduisaient la mythologie à faire de Mercure le patron du commerce en même temps que le dieu des voleurs. Le moindre des ennuis occasionnés par la marque en chiffres inconnus est celui du marchandage. C'était une tradition pieusement respectée par les pharmaciens de l'ancien régime que celle de demander, pour leurs drogues, le double de ce qu'ils prétendaient recevoir — « Oh! oh! monsieur Fleurant, 20 sous, en langage d'apothicaire, cela veut dire 10 sous ». — Un très petit nombre de corps d'état ont conservé de nos jours l'habitude des mémoires « en demande » : un franc, en langage de fumiste, cela veut encore dire 80 centimes.

Pour le commerçant à chiffres inconnus, la seule règle est de vendre le plus cher possible l'objet que le client, de son côté, marchande avec des roueries diplomatiques comme une vache sur un champ de foire. Dans les anciens magasins de nouveautés, quand une marchandise n'était pas

« de défaite », on la « gueltait » plus haut. La « guelte » était une commission *progressive* concédée au commis, suivant qu'il vendait plus ou moins cher ou que l'article était plus ou moins défectueux. Il n'est pas mal d'observer en passant que ce vénérable vieux petit commerce, aux embarras duquel on veut nous intéresser outre mesure, avait une morale relâchée; l'affectueux respect et les relations de famille du marchand avec ses pratiques n'étaient pas pour lui interdire certains bons tours. La guelte, fouettant l'ambition du commis, était peut-être une innovation utile pour le magasin, mais préjudiciable à l'acheteur; l'intérêt fixe sur la vente d'objets marqués en chiffres connus, usité aujourd'hui dans tous les commerces d'importance, est au contraire sans aucun inconvénient pour le client.

Au lieu d'exciter le commis à vendre la marchandise sacrifiée en haussant son courtage, on excite le client à l'acheter en abaissant le prix. L'employé qui remet sa note de débit à la caisse où il accompagne l'acheteur est crédité d'un courtage uniforme par comptoir, mais variable suivant les rayons, afin de rétablir entre eux l'égalité : ainsi les 2 pour 100 des commis à la soie équivaudront simplement aux 5 pour 100 des commis à la toile.

Il est vrai que les hasards journaliers de la vente favorisent plus ou moins chaque comptoir et chaque employé : le malchanceux qui reste une heure à vendre des pantoufles de 6 francs, sur lesquelles il touchera 3 sous, a le cœur gros de voir son camarade expédier, pendant le même temps, un trousseau qui lui rapportera 20 francs; mais le « guignon », qui dure parfois plusieurs jours, ne se prolonge jamais pendant toute une semaine. Seule l'activité des commis établit entre eux des différences de traitement : le vendeur ardent à la besogne se fera 4 000 francs, à côté du paresseux qui ne dépassera pas 2 000.

Je regrette que les magasins de nouveautés aient laissé s'introduire peu à peu quelques exceptions à la règle de l'égalité absolue des clients. Chacune des expositions trimestrielles comporte des « clous » destinés à allécher le public; ce sont par exemple des tissus que non seulement le magasin cède à prix coûtant, mais que souvent le fabricant, pour aider au succès de l'article, lui a fait payer un prix inférieur à leur valeur. Les marchands de province, en argot de boutique les « margoulins », guettent ces occasions fructueuses pour s'approvisionner à bon compte. M. Boucicaut, pour les décourager, refusait jadis de leur vendre plus d'une pièce à la fois et ils devaient ruser pour en obtenir. Aujourd'hui, le désir de grossir les chiffres se mettant de la partie, on avertit au contraire d'avance les marchands des affaires qui les intéressent, et l'on affirme que, sur des objets d'une vente plus courante, on leur ferait une remise. Que le *Bazar de l'Hôtel de Ville* agisse ainsi pour les « bazardiers » de moindre envergure, dont il renouvelle la pacotille presque sans profit, quitte à se rattraper lui-même sur le public, il importe peu; mais il serait fâcheux que des maisons aussi sérieuses que le *Louvre* s'abandonnassent à cette tentation de la vente en gros, susceptible d'altérer leur caractère original.

Il en est de même des réductions faites à certaines collectivités par la *Belle Jardinière*, qui vend, avec 10 pour 100 de rabais, à diverses associations — celles des employés de l'État ou du Paris-Lyon-Méditerranée, — à des sociétés orphéoniques ou coopératives. L'on en peut dire autant des ventes faites par la *Samaritaine* aux porteurs de « bon Crépin ». Ces bons sont payés comptant à M. Cognacq, avec un rabais de 18 pour 100 de leur valeur, par M. Dufayel, le propriétaire actuel de la maison Crépin, puissant organisme de crédit populaire, critiqué parfois avec injustice, puisqu'il rend des services appréciés par plus de 600 000 abonnés.

Mais les grands magasins ont beau affirmer qu'ils supportent seuls la perte résultant de ces remises, que le supplément de vente qui en résulte leur permet, en faisant de plus gros achats, de payer meilleur marché aux fabricants, je persiste à croire que l'*égalité de la clientèle*, qui a fait le succès du nouveau commerce, doit être strictement maintenue dans l'avenir.

VI

La comptabilité.

Sept millions de factures. — Expéditions en province. — Pas de statistiques. — Les livres de caisse alternatifs. — Brouillons à cinquante colonnes. — Paquets voyageurs. — Coulisseaux automatiques et table ronde du *Louvre*. — Livreurs de quartiers. — Ventes par correspondance. — Exportation occulte. — 200 millions d'échantillons. — Boucicaut ennemi des nouveaux rayons. — Comment naissent les comptoirs.

Grâce à leur organisation, ces docks immenses possèdent à la fois l'aiguillon de l'individualisme et les forces de l'association. C'est un nouveau système mixte : le groupement du travail divisé, la division du travail groupé. L'achat d'abord, centralisé dans les mains uniques du chef de comptoir, même pour les simples réassortiments. Chaque matin, un élégant omnibus part du *Bon Marché* et conduit au quartier des affaires messieurs les « premiers », qu'il reprend à midi moins un quart sur la place des Victoires. Pour la vente, le particularisme poussé à sa dernière limite; le commis semblable à un petit marchand gagnant peu sur tout ce qu'il vend, mais sûr de ne jamais vendre à perte. Lorsqu'il s'agit d'encaisser le montant de la vente et de livrer l'article, ce double office incombe à la mécanique collective qui paie et qui reçoit l'argent, accueille et livre les marchandises. L'idéal, pour ces rouages, est d'obtenir au moindre prix le fonctionnement le plus rapide. Le nombre des colis expédiés annuellement par le *Bon Marché* en province est d'un million; celui des paquets livrés dans Paris est de 4 millions par an, et cependant le tiers des clients de Paris emportent eux-mêmes leurs paquets. On arrive ainsi au total de 7 millions de ventes — chacune d'elles en moyenne représentant une vingtaine de francs. Le chiffre des articles débités est peut-être double ou triple de celui des ventes, parce qu'une facture comprend en général plusieurs objets. Ce dernier chiffre du reste, le magasin ne le connaît pas; il fait aussi peu de statistique que possible; elle lui coûterait trop cher. Tout ce qui n'est pas indispensable en ce genre est à ses yeux superflu.

La *Belle Jardinière* est seule, parmi les grandes maisons, à pratiquer une comptabilité-matières assez détaillée. Non seulement elle sait par exemple que sa vente de l'an dernier a été de 180 000 gilets, de 280 000 pantalons et de 300 000 vestons ou paletots; mais chaque article, fût-ce une cravate de 50 centimes, y porte un numéro d'ordre qui permet, en se reportant de registre en registre, de savoir à quelle époque il a été confectionné, par quel ouvrier, ainsi que le nom du fournisseur, le prix et la qualité des matières premières. Le *Louvre*, le *Bon Marché* et les autres se bornent à une comptabilité-espèces. Celle-ci exige déjà un personnel tellement nombreux qu'ils redoutent toute complication nouvelle. Chacun de ces journaux de caisse, où nous voyons inscrire avec une rapidité sténographique les ventes dont le commis fait l'appel, ne sert que de deux jours l'un. Chaque caissier par conséquent en a deux, qui lui sont remis alternativement. Le soir il porte son livre de la journée au service de contrôle et le matin ce service lui rend, vérifié, son livre de l'avant-veille. Une journée sur deux est nécessaire pour porter au compte particulier de chaque rayon les sommes qui lui appartiennent et au compte particulier de chaque vendeur du rayon le montant des commissions auxquelles il a droit.

Pour rendre plus aisé ce dépouillement des livres brouillons, chacune de leurs pages est divisée en une cinquantaine de petites colonnes, portant en tête une lettre de l'alphabet qui désigne le rayon : B signifie mercerie, BF laines et tapisseries, BM vêtements pour fillettes, etc. La comptabilité centrale porte au crédit de chaque comptoir les sommes qui lui reviennent, mais non pas les objets auxquels ces sommes se rapportent. La diversité des modes de vente — verbales ou par lettres, — celle des modes de livraison ou de paiement — par avance ou à réception, ou contre remboursement, — comporte déjà un détail infini. Les colis destinés à être livrés par les voitures sont concentrés au « départ ». Au *Louvre*, l'ingénieur a réalisé, pour cette concentration automatique, le dernier mot du progrès.

Il a imaginé un système de coulisseaux inclinés et tournants, pour les descentes, communiquant, dans les parties planes, avec des toiles sans fin actionnées par un moteur électrique. Les cartons, caisses et ballots de toute sorte, une fois ficelés et munis de leur adresse bien en évidence, se camionnent tout seuls depuis le point le plus éloigné de l'immeuble, où le garçon de magasin les abandonne à eux-mêmes, jusqu'au sous-sol d'expédition situé à l'angle de la rue de Rivoli et de la place du Palais-Royal. Ainsi l'objet vendu au troisième étage près de la rue Croix-des-Petits-Champs, glisse d'abord au second où il tombe sur une toile mouvante qui le promène le long de la rue Saint-Honoré. Continuant sa marche, il descend au premier sur une autre toile qui le conduit s'enfourner dans un couloir en spirale, par lequel il est versé au rez-de-chaussée, d'où il débouche dans le coulisseau final, celui qui aboutit à la *table de triage*. Il était parti seul, comme un voyageur qui monte en wagon à Brest pour venir à Paris. En route il a rencontré des camarades, venus de tous les comptoirs qu'il a traversés, parce que ces toiles et ces coulisseaux s'embranchent les uns dans les autres. Les colis-voyageurs se succèdent sans interruption et, le dernier coulisseau étant à pente très rapide, ils arrivent très vite comme des gens pressés. Un carton à chapeau précède une douzaine de chemises; quelques paires de gants filent derrière, discrets et minces; un gros rouleau de sparterie les suit, moins à l'aise et comme essoufflé de sa course. Ces paquets semblent vivre, ils ont l'air de savoir où ils vont.

La tablette de bois sur laquelle ils se trouvent posés en arrivant est une sorte de piste circulaire, mouvante; les paquets se mettent à tourner lentement avec elle. Au milieu, dans l'axe vide, se tient un surveillant qui met à part les colis portant un « numéro de caisse » — servant à réunir sur une seule facture les achats variés du client qui l'a demandé. — Autour de la tablette se tiennent, immobiles, les garçons trieurs qui s'emparent des marchandises de leurs quartiers respectifs, lorsqu'elles passent devant eux, et les placent dans un panier qu'ils ont à leur côté. Durant l'après-midi, où le coulisseau vomit les paquets sans discontinuer, les paniers ne mettent guère plus de quinze minutes à se remplir. Des hommes de peine les remplacent, et roulent les pleins dans la salle voisine où l'on procède à un second triage, celui des voitures, chaque panier du début correspondant à trois ou quatre quartiers ou voitures différentes.

Au *Bon Marché*, le nombre de ces voitures est de 98, en comptant les véhicules à bras; celui des chevaux appartenant à la maison est de 150, plus une centaine en location, et les écuries occupent un personnel de 65 cochers et palefreniers. Chacune de ces voitures fait deux tournées par jour, accompagnée d'un garçon livreur qui, opérant quotidiennement dans le même quartier, arrive à le savoir par cœur. Il connaît les maisons où l'on peut laisser les articles avec toute confiance, en disant qu'on repassera pour toucher, celles dont on ne doit jamais sortir sans avoir été payé, celles enfin — il y en a — où il convient de ne lâcher le colis d'une main que lorsqu'on tient l'argent dans l'autre.

Une partie notable de la vente s'effectue par correspondance; parmi les 15 ou 18 000 personnes qui entrent chaque jour au *Bon Marché* ou au *Louvre*, il y en a peut-être 4 ou 5 000 qui n'achètent rien; mais une moyenne de 4 000 lettres — le chiffre monte au double le lundi matin — apportent chaque jour les commandes de clients que l'on ne voit pas. Un petit nombre viennent de Paris, d'acheteuses qui craignent la fascination des étalages ou qui répugnent simplement à se déranger; la plupart appartiennent au service de province. Le *Louvre*, sur un total de 120 millions d'affaires, en fait

20 millions en province et 10 à l'étranger; au *Bon Marché*, les expéditions par chemins de fer représentent 40 millions de francs sur 150 millions de vente. A la *Samaritaine*, elles sont de 9 millions sur 36; au *Printemps*, elles atteignent 14 millions sur 35. La proportion varie, comme on voit, de 25 à 40 pour 100 suivant les maisons.

L'on se tromperait fort du reste en voulant classer, d'après le mode d'envoi, la destination définitive des marchandises. Parmi les 50 kilos de correspondance quotidiennement apportés au *Bon Marché* figurent, dans la saison d'été, les commandes des Parisiens en villégiature; mais un nombre bien plus grand d'achats faits à Paris, par des provinciaux ou des étrangers de passage, doit s'ajouter au chiffre des envois directs par chemins de fer. Il se fait ainsi, dans les malles des voyageurs, une exportation occulte du goût et des modes de France, qui ramène à nos fabriques des commandes de toute sorte pour l'étranger. C'est, je crois, M. Boucicaut qui, en prenant à sa charge les frais de port des envois supérieurs à 25 francs, leur donna une grande impulsion. Quoique les marchandises lourdes — meubles ou literie — soient exceptées de cette faveur et que les colis postaux aient réduit les frais de port, néanmoins, le coût de l'expédition mange le bénéfice sur l'ensemble des factures qui ne dépassent que peu ou point 25 francs. L'expansion des grands bazars à l'étranger avait plus ou moins réussi suivant les pays : en Russie, où les droits sont prohibitifs, elle est toujours demeurée peu importante. En Suisse, en Espagne, en Portugal, en Italie, où les relations s'étaient développées, elles sont tombées à presque rien depuis le nouveau tarif de douanes.

Le dépouillement de la correspondance devant se faire avec rapidité, 250 commis sont chargés d'ouvrir et de distribuer entre les divers services les lettres que l'on étale devant eux. A mesure que ces missives remontent des rayons, où elles ont été envoyées pour l'exécution, on formule les réponses ; s'il s'agit d'une demande de conseils, des femmes sont chargées de les donner et de diriger les clientes indécises entre le rouge *écrevisse* et le rouge *tour Eiffel*. Ce n'est pas une mince besogne que de confectionner les échantillons nécessaires ; environ 200 millions par an ! Six machines sont chargées d'en couper 32 000 à l'heure, débitant plus ou moins suivant que le tissu est plus ou moins souple — la soierie ou le calicot sont plus durs que le lainage. — Les étoffes ayant été rassemblées en paquet sous la machine, il en sort de petites collections disposées par teinte et par prix qu'on donne à des ouvrières. Celles-ci les placent sur des cartes et ensuite sous une douzaine d'autres machines, dirigées chacune par une mécanicienne et une apprêteuse, qui attachent l'échantillon par un fil d'acier. Les collections passent alors dans les mains d'autres ouvrières qui y ajoutent des étiquettes portant le prix et la largeur du tissu. L'ensemble de ce service occupe 110 ouvrières et une quarantaine d'employés.

C'est une loi à laquelle obéit inconsciemment le commerce moderne que celle de l'agglomération, en un même local, d'articles de diverses natures. Tout magasin qui grandit déborde aussitôt sa spécialité, aussi bien dans l'alimentation que dans le vêtement. Il semble que la vente engendre la vente et que les objets les plus dissemblables, juxtaposés, se prêtent un mutuel appui. Le marchand qui tient un client dans sa boutique s'applique pour l'y retenir à lui vendre de tout. Il l'habille aujourd'hui et le meuble ; demain peut-être il le nourrira. De même le client a plus de chances d'entrer dans la boutique s'il y est convié par plus de motifs, s'il y peut satisfaire plus de besoins. Ainsi l'affluence des clients fait créer les comptoirs et la création des comptoirs fait à son tour affluer les clients. Les fondateurs même de ces grandes machines à vendre tout à tous ont autant suivi que créé le nouveau courant.

Boucicaut, en particulier, n'était pas partisan de sortir de ce qu'on appelait, il y a quarante ans, la « nouveauté », tissus, bonneterie, lingerie, joints à cette catégorie d'objets connus, il y a deux cents ans, sous le nom de « nippes du palais de Paris », et que le langage moderne a baptisés « articles de Paris ». Ceux-là avaient été tout d'abord recueillis, par les marchands du XIXe siècle, dans l'héritage de leurs ancêtres les merciers du Palais de justice. Nos ambassadeurs, avant de partir pour leur poste, ne manquaient jamais de s'approvisionner de « ces gentillesses qui se trouvent à Paris pour donner ». Ces mille riens étaient un fructueux monopole de notre industrie; « ils sont sur le lieu un peu chers, dit un écrivain de 1625, mais augmentent d'autant plus de valeur qu'ils sont éloignés de l'endroit où ils sont faits ». Dans leur développement moderne les articles de Paris ont engendré beaucoup d'autres rayons, d'abord confondus avec eux : horlogerie et argenterie, articles de voyage, papeterie, livres et jouets.

A cette dernière création M. Boucicaut fut longtemps opposé, de même qu'à celle de la parfumerie, sortie comme les gants, comme les parapluies, comme la chemiserie, de l'ancien comptoir de bonneterie, déjà divisé lui-même en trois services, suivant l'âge et le sexe des acheteurs. La parfumerie fait 3 millions de francs; la chemiserie pour hommes fait 4 millions; elle débite annuellement 950 000 chemises, dont 5 ou 6 douzaines sont coupées à la fois par une scie à ruban, mue par l'électricité. Le rayon des robes, détaché un jour de celui des confections qui continue à faire 4 millions et demi, atteint pour son compte le chiffre de 4 millions et emploie 70 vendeuses ou essayeuses. Des objets qui fournissaient modestement de quoi

6.

vivre à quelques commerçants, ont pu, par cette démocratisation du luxe qui est le propre du grand magasin, remplir à eux seuls un comptoir ; tels les articles de Chine et du Japon, ou encore les tapis d'Orient qui font presque 5 millions. Des étoffes de luxe se sont subdivisées en plusieurs rayons ; la soierie, au *Louvre*, en forme quatre à elle seule ; il est vrai qu'ils vendent ensemble pour 18 millions.

Dans cette multiplication des branches commerciales, le *Louvre* devance d'ailleurs le *Bon Marché*, Il tient le service de table et la bougie, la cuivrerie et les articles de ménage que son rival n'a pas encore abordés. Cette infinie diversité explique que la vente journalière, dont le minimum n'est guère inférieur à 250 000 francs, se soit élevée parfois à un maximum de 2 600 000 francs, lors des coups de colliers périodiques donnés par le grand magasin. Le succès de chaque rayon varie avec la mode, la saison, le genre de la clientèle. Un seul article, le « jersey », après avoir atteint à la *Samaritaine* le chiffre de 1 600 000 francs, est aujourd'hui tombé à moins de moitié dans cette maison et beaucoup plus bas ailleurs. Mais, dans son ensemble, le mouvement d'affaires croît sans cesse, et qui oserait affirmer qu'il soit près de s'arrêter? De nouveaux comptoirs seront imaginés peut-être : le *Printemps*, qui a renoncé à la vente du sucre, a imaginé de faire la banque. Il reçoit des fonds en comptes courants et perd sur son « rayon d'épargne », parce qu'il le regarde comme un fructueux moyen de publicité.

La maison de nouveautés dont l'objectif était exclusivement l'élément féminin — « la conquête de la femme », comme dit M. Zola, dans sa vivante peinture du magasin étalagiste et tapageur d'il y a vingt-cinq ans — recherche aussi maintenant la clientèle masculine. Les vêtements pour hommes font, au *Bon Marché*, 3 500 000 francs. De son côté la maison de confection à l'usage du sexe fort, la *Belle Jardinière*, se préoccupe d'atteindre la clientèle féminine. Elle a débuté par les amazones, est passé au « vêtement tailleur », et s'introduit peu à peu dans la nouveauté. Ainsi les ambitions s'opposent et se mêlent; les cadres, même les plus récents, se brisent.

VII

Les vols. — L'inventaire.

Le magasin ignore le montant des vols. — Épargner cent coupables plutôt que d'arrêter un innocent. — Ancienne répression paternelle. — Défense de se faire justice. — La perquisition à un franc du commissaire. — Poche *Kangourou*. — Le substitut des grands magasins. — Pour payer son hôtel. — Mère et fille. — 100000 francs de pertes. — Les « rendus ». — Inventaire annuel.

L'absence de la comptabilité-matières dans les grands magasins fait qu'ils ignorent le chiffre des vols commis à leur préjudice et que ces vols peuvent même passer inaperçus dans le rayon, lorsque leur objet est de peu d'importance. L'administration a calculé qu'il lui est moins onéreux de passer ces larcins par « profits et pertes », que de dépenser en personnel un demi-million de plus peut-être pour constater vis-à-vis d'elle-même les manquants. Le mieux est de décourager autant que possible les voleurs, comme les grands magasins s'efforcent de le faire, par une surveillance bien organisée. Tous possèdent une hiérarchie d'inspecteurs, assermentés comme des gardes particuliers, auxquels ils adjoignaient parfois des agents de la sûreté; mais ces derniers avaient fini par être connus des voleuses autant et mieux que du personnel. De plus ils avaient la main un peu lourde, et ici l'on pratique cette maxime qu'il vaut mieux épargner cent coupables que d'arrêter à tort un innocent. Le *Bazar de l'Hôtel de Ville*, moins délicat, conserve seul des agents de la préfecture, vêtus d'une blouse comme les employés vendeurs.

On raconte que la voleuse — c'est presque toujours une femme; à peine s'il y a 5 pour 100 de voleurs — est invitée, après avoir fait l'aveu du délit, à verser, à titre d'amende, au Bureau de bienfaisance ou au curé de la paroisse, des sommes qui varient suivant sa position sociale et l'importance du vol. Le fait a été vrai... partiellement; il a complètement cessé de l'être depuis 7 à 8 ans. Les directeurs des grands magasins ont été menacés par le parquet d'être poursuivis correctionnellement s'ils persistaient à rendre ainsi la justice eux-mêmes. Une procédure uniforme est donc employée aujourd'hui : la personne qu'un inspecteur voit dérober quelque objet n'est jamais arrêtée par lui dans le magasin; elle pourrait laisser tomber subtilement à terre la marchandise qu'elle se proposait d'escroquer ou bien elle affirmerait se diriger vers une caisse afin de la payer. Aussitôt dehors, l'inspecteur la suit jusqu'à ce qu'elle ait fait une vingtaine de pas ou posé le pied sur le marchepied d'une voiture. Il l'invite alors doucement à le suivre chez le commissaire de police.

Quelques voleuses à ce moment perdent la tête, jettent dans le ruisseau les objets dérobés, et alors la preuve est accablante, car on leur demande pourquoi elles les jettent. D'autres jouent l'indignation. — Que me voulez-vous? Pour qui me prenez-vous?... — Celles-là espèrent en l'attroupement des badauds qui, avec l'intelligence ordinaire des foules, leur donneront peut-être raison et leur permettront de s'échapper. Ces cas sont rares d'ailleurs; la femme en général suit l'inspecteur sans résistance jusque chez le commissaire qui, habitué à ces sortes de comparutions, envoie chercher, pour opérer décemment la perquisition ordinaire sur le corps de l'inculpée, une concierge du voisinage à laquelle la justice alloue la modeste somme d'un franc, pour cette vacation toute spéciale. La perquisition est inutile si la voleuse avoue; elle-même retire alors de ses poches, de son manchon, de son ombrelle, les objets qu'elle y avait logés. Quelques-unes sont chargées à couler bas, comme un galion de Vigo; pour absorber tout ce que recouvrent leurs robes il semble qu'il faille le talent d'un Robert Houdin. L'une fit apparaître, aux yeux stupéfaits du commissaire, un petit trousseau enfoui dans son corsage; une autre possédait, dissimulés sous ses jupons, quatre parapluies de bonne taille. On ne s'expliquait pas qu'elle pût marcher.

Il est, pour les voleuses de profession, des moyens de recel plus perfectionnés : la poche-caverne, à laquelle sa construction inusitée a mérité au Palais de justice le nom de *Kangourou*. Le nombre des vols varie suivant les magasins : ils sont presque nuls à la *Belle-Jardinière* ; tout au plus certains « clients » sont-ils dans l'usage de renouveler leur garde-robe gratis, laissant chaque année un vieux pardessus en échange d'un neuf. En 1893, le nombre des vols poursuivis a été de 662 pour le *Bon Marché* ; il n'a été que de 467 au *Louvre*. La disproportion s'annonçait plus forte encore cette année entre les deux maisons : le 11 avril dernier, le *Bon Marché* en était déjà à son deux cent cinquante-septième vol, depuis le 1er janvier ; le *Louvre* ne dépassait pas son cent deuxième. Cela ne veut pas dire que la rue du Bac offre plus de tentations et que l'on y dérobe davantage qu'à la rue de Rivoli, mais seulement que les inspecteurs du *Bon Marché* sont plus adroits ou plus sévères. Le *Louvre*, ayant eu quelques méprises, redoute beaucoup les excès de zèle.

Une fois le procès-verbal dressé par le commissaire, l'affaire ne peut plus être arrêtée. Des parents ou amis de l'intéressée obtiennent sans difficulté du magasin qu'il retire sa plainte. Mais le Parquet, sachant que ces désistements ne se refusent jamais, n'en tient aucun compte. Les personnes influentes qui s'efforcent d'étouffer la poursuite arrivent alors, embarrassées, honteuses, au boulevard du Palais. Elles sont introduites chez le substitut du procureur de la République, qui évite de son mieux ce genre d'entrevues, mais que l'on traque habilement pour se faire recevoir. « Monsieur, un événement bien triste..., l'honneur d'une famille... m'amène auprès de vous... » — Et le magistrat, qui a compris, interrompt poliment le solliciteur par cette interrogation : *Louvre* ou *Bon Marché*?

L'on doit avouer que, pour ce genre de délit, c'est la classe bourgeoise qui domine. La plupart des inculpées sont des personnes sans profession. Une dame B..., rentière, âgée de cinquante ans, est attendue pour dîner chez des amis où elle ne paraît pas. Inquiets, ses hôtes envoient au domicile de leur conviée où règne un désordre inexprimable; le contenu des armoires jonchait le sol; les draps de lit avaient été arrachés. Prévenu, le commissaire de police commence une enquête, et constate d'abord la disparition d'une grande malle pouvant contenir facilement une personne de taille moyenne. Nul doute, les draps enlevés du lit ont servi à envelopper le corps de Mme B... assassinée, puis enfermée dans la malle, à l'exemple d'un drame récent. Le lendemain, tandis que l'enquête était poursuivie par le chef de la sûreté, et que le procureur de la République interrogeait en personne, sur les lieux, la concierge qui ne tarissait pas d'éloges sur sa locataire, « une femme si distinguée, si *ordrée* », le rapport d'un commissaire du 7e arrondissement parvenait à la préfecture, contenant les détails de l'arrestation au *Bon Marché* d'une voleuse qui n'était autre que Mme B... La capture avait été suivie d'une perquisition au domicile de la dame, au cours de laquelle les agents, ayant découvert un grand nombre d'objets volés, les avaient emportés dans une malle. Ainsi s'expliquaient le désordre du logis et la disparition de la locataire.

Il y a des voleuses invétérées : ces derniers mois, une veuve A... comparaissait devant la neuvième chambre, pour vol dans un grand magasin, et était condamnée, sur la déposition de l'inspecteur L..., à un mois de prison. L'affaire terminée, l'inspecteur quitta le Palais et vint reprendre son service au magasin. Quelle ne fut pas sa stupéfaction, en entrant dans un rayon, de voir la veuve A..., qui venait d'être condamnée quelques instants auparavant, occupée à faire disparaître un coupon de dentelles dans la poche de sa robe. Il dut l'arrêter de nouveau et la conduire chez le commissaire, où elle fit les aveux les plus complets.

Les mobiles de ces vols sont très divers : une baronne X... avait reçu de son mari la somme de 350 francs, pour faire un cadeau à sa sœur;

ayant dissipé cet argent en d'autres dépenses, elle n'avait rien trouvé de mieux que de mettre le grand magasin à contribution pour en tirer *gratis* le cadeau nécessaire. Un négociant du Doubs vient à Paris pour traiter avec un confrère, moyennant 100 000 francs, de la vente de son fonds de commerce; le contrat signé, il s'apprête à repartir et manque le train. Vexé d'avoir à débourser, par suite de ce retard, des frais de séjour supplémentaires, cet homme économe se rend au *Louvre*, met la main sur une petite lampe dont la valeur lui semble correspondre au montant de sa note d'hôtel, pendant vingt-quatre heures, et est surpris en train d'envelopper soigneusement son butin, pour le porter à l'une des caisses et en faire l'objet d'un « rendu ». Le voleur occasionnel fut condamné à une grosse amende et à un an de prison, avec application de la loi Béranger. Quelques jours après, la même chambre du Tribunal jugeait une jeune mère qui, non contente de prendre elle-même tout ce qui tombait sous sa main, avait dressé au vol sa fille âgée de onze ans. La charmante enfant volait avec passion. La mère obtint le maximun : cinq ans de prison, que la Cour d'appel réduisit à trois.

Le pillage réglé est le fait des écumeurs professionnels de la nouveauté; ceux-là volent sans cesse et dans tous les magasins. Chez une femme, arrêtée il y a quatre ans, on a trouvé pour 30 000 francs de dentelles dérobées. Mais la moyenne des vols ordinaires, dont les procès-verbaux relatent l'importance, ne dépasse guère une cinquantaine de francs. Les mobiles, quand on interroge ces malheureuses, sont toujours les mêmes : une inconcevable tentation, une influence physique — grossesse ou autre — la monomanie du vol. Cette soi-disant « kleptomanie », comme on l'appelle, tellement rare qu'on ne peut en parler sans rire, a un côté utile : elle sert à humaniser la loi. Il est certaines situations douloureuses où le Parquet consent à ce que la prévenue soit l'objet d'un examen médical. Si l'aliéniste compétent déclare le sujet irresponsable (?), on peut en conscience classer l'affaire, au moins pour une première faute.

Quoiqu'il soit impossible aux grands bazars de prévenir les suites des vols qui ont fait l'objet d'un procès-verbal de police, et quoiqu'il leur soit interdit de régler par des transactions les délits qu'ils constatent, ils demeurent libres de ne pas requérir l'action publique. Le *Printemps*, par exemple, quoique 25 voleurs en moyenne chaque mois y soient arrêtés par les inspecteurs, ne fait presque jamais parler de lui au Palais de justice ; ce magasin, estimant avec raison que les voleuses sont en général des récidivistes, se contente de faire chez elles des perquisitions amiables pour rentrer en possession de son bien. Au *Louvre* et au *Bon Marché*, le nombre des voleuses pincées et non déférées au commissariat est de plusieurs centaines chaque année. Aux larcins commis se joignent ceux qui ne sont pas découverts; pour chacune de ces grandes maisons, en supposant à peu près 2 000 vols de 50 francs l'un, le total de la perte subie de ce chef peut être évalué au minimun à une centaine de mille francs, en marchandises ou en argent. L'auteur du vol, en effet, pour en tirer meilleur parti, a souvent l'audace de rapporter l'article au magasin afin de s'en faire verser le prix, suivant le droit concédé à tout acheteur auquel un objet a « cessé de plaire ».

Les « rendus », même de marchandises régulièrement payées, sont eux-mêmes assez onéreux aux établissements de nouveautés — c'est une faculté dont on abuse; on voit des articles rapportés au bout d'un an. — Au *Bon Marché*, leur valeur monte journellement à 5 000 francs. Il est vrai qu'à côté des pseudo-acheteuses qui se font envoyer un manteau ou un chapeau pour s'en parer un jour et les renvoyer le lendemain, en jurant « qu'ils n'ont pas été portés », il y a pas mal de marchandises livrées en double à des clientes qui voulaient seulement faire chez elles un choix définitif. Pour que le système du « rendu », qui doit faciliter les ventes, ne facilite pas aussi les vols, le commis a l'ordre d'inscrire son nom et son numéro matricule sur l'étiquette de l'objet dont il opère la vente. Cette simple indication suffit, lorsqu'une restitution est demandée, à vérifier la réalité de l'achat primitif.

Chaque année le magasin procède à l'inventaire de ses marchandises, soit au 31 janvier, comme la *Belle Jardinière* ou la *Samaritaine*, soit au 31 juillet, comme le *Bon Marché*, le *Louvre*, le *Printemps*. On vide les armoires, les cartons, les tiroirs, du haut en bas de la maison. C'est le moment de la « démarque » des articles mal vendus. Par suite des procédés très divers d'évaluation de chaque établissement — qui tantôt estime les objets au prix de vente, tantôt au prix d'achat, tantôt à un prix de convention, inférieur à la valeur d'achat, — on ne peut comparer les uns aux autres leurs stocks respectifs. La *Samaritaine*, le *Printemps* et la *Belle Jardinière*, qui font, à peu de chose près, le même chiffre annuel, accusent ainsi à l'inventaire le premier 1 million, le second 6 millions, le troisième 12 millions de marchandises, et, quoique le capital se renouvelle plus souvent dans la première maison que dans la seconde ou la troisième, il serait absurde de dire qu'il s'y renouvelle 6 ou 12 fois plus. Au *Bon Marché* et au *Louvre*, le total de l'inventaire oscille entre 15 et 20 millions de francs.

Comparé à celui de l'année précédente, ce total sert à contrôler le chiffre du bénéfice *brut*, l'écart entre les recettes et les dépenses de chaque rayon. Dans une maison comme le *Bon Marché*, cet écart atteint 32 millions environ, sur lesquels 24 millions sont absorbés par les frais généraux. Nous avons vu quelle était la part du bénéfice net, le prix auquel le grand magasin mettait ses services. Par le mécanisme du nouveau commerce, ce profit est proportionnellement très inférieur à celui que doit s'attribuer, sous peine de mourir de faim, le petit marchand. Il y a nombre de boutiques dans Paris où l'on ne fait pas plus de 10 000 à 15 000 francs d'affaires, où, par conséquent, les 5 à 6 p. 100 de profit représenteraient de 500 à 900 francs, sur lesquels il faudrait encore déduire l'intérêt du capital immobilisé dans le fonds de commerce. La rémunération de ce capital est en effet comprise dans les 6 p. 100 de bénéfice du grand bazar.

Pour vivre, le petit commerçant est obligé de se réserver 20 pour 100 au moins de la somme des marchandises qu'il vend. Ces intermédiaires, tous logés à la même enseigne, qui ne peuvent réduire ni leur prix d'achat, ni leurs frais, par rapport les uns aux autres, ni leur bénéfice parce qu'il est déjà limité au point de n'être plus qu'un salaire, ces intermédiaires souffrent de la concurrence qu'ils se font entre eux et le public n'en profite pas.

Cette concurrence est pour lui stérile; bien plus, elle lui est onéreuse; c'est justement le grand nombre des petits commerçants qui fait le renchérissement. Le loyer d'une maison qui fait

60 000 francs d'affaires ne sera jamais moindre de 1 500 francs, tandis que le loyer d'un magasin qui fait 120 millions pourra n'être pas supérieur à 1 million de francs; il grèvera la marchandise de 2 fr. 50 pour 100 francs, dans le premier cas, et dans le second de 0 fr. 83 pour 100 seulement.

VIII

Employés et frais généraux.

Appointements. — État-major; « premiers-seconds », « deuxièmes-seconds ». — Institutions philanthropiques. — Le *Bon Marché* inaugure le mouvement. — Tous les employés de commerce en profitent. — Nouveau travail plus intense. — Pour acheter un pantalon. — Les demoiselles de la nouveauté. — Droit de s'asseoir. — Les trois « gauches ». — Nourriture du personnel. — 700 poules au riz. — Patente excessive de 12 p. 100 sur les bénéfices. — Publicité; 50000 francs de ballons rouges. — Les grands bazars règlent et modèrent les prix de détail sur tout le territoire.

Cependant les employés sont incontestablement mieux payés dans les grands bazars que chez les petits patrons. Dans ces vastes usines de ventes, le commis, l'homme sans capital qui loue son intelligence et ses bras, et qu'on appelle ailleurs l'ouvrier, le prolétaire, tire un parti si avantageux de son travail que, sans risquer un centime des économies qu'il réalise, il arrive non seulement à l'aisance, mais à la fortune. Nulle part, ni dans l'industrie, ni dans la finance, nous ne trouverons un aussi grand nombre de traitements élevés. Le conseil des intéressés du *Bon Marché* gagne le double du Conseil des ministres. Au-dessous de ces lieutenants généraux de la Nouveauté viennent les commandants des unités tactiques, chefs de comptoir, assistés chacun de plusieurs sous-ordres, « premier-second », « deuxième-second » et, dans les gros rayons, « troisième-second ». Tous ceux-là ont, sur l'ensemble des affaires ou sur l'augmentation de vente du rayon, un intérêt qui leur procure de 20 à 25 000 francs pour les chefs de comptoir et assimilés, de 9 à 12 000 francs pour les seconds. Ces catégories comprennent, au *Bon Marché* et au *Louvre*, environ 250 employés. Quant à la foule des vendeurs et des vendeuses, attachés au matériel ou aux écritures, qui vont de 1 000 à 6 000 francs, on peut évaluer leur traitement moyen à 3 000, plus la nourriture.

A ce traitement tend à s'ajouter le bénéfice d'institutions philanthropiques, inconnues il y a trente ans, dont les transformations de l'industrie ont d'abord suggéré l'idée, vont bientôt imposer l'usage. Le fondateur de la *Belle Jardinière*, Parissot, laissa une somme de 60 000 francs, accrue depuis lors, dont la rente devait servir à pensionner ses plus anciens ouvriers. La caisse de secours qui, à la *Samaritaine*, n'est encore que la poche du patron, est organisée au *Printemps* avec le produit des amendes. Cette dernière maison entretient, pour son personnel, deux médecins qui ont délivré, en 1893, 4 700 ordonnances. Au *Louvre*, le service médical est assuré, non seulement par des consultations gratuites, mais par une infirmerie et par des séjours à Villepinte ou Saint-Germain pour les demoiselles malades. Les retraites sont facilitées par le versement d'une somme de 1 000 francs, que fait le magasin au profit de chaque employé comptant sept années de services et ensuite de 200 francs par an jusqu'à sa cinquantième année. La mesure est récente et, jusqu'à l'entrée en fonctions de M. Honoré, le directeur actuel, l'instabilité du personnel avait été assez grande au *Louvre*. Cependant le magasin a déjà déboursé de ce chef 1 750 000 francs.

Au *Bon Marché*, M. Boucicaut, afin d'assurer à ses commis un petit capital, institua, dès 1876, une *Caisse de prévoyance* à laquelle ses successeurs reconnaissants ont donné son nom. Entretenue par des libéralités annuelles de près de 200 000 francs, cette caisse a déjà distribué 730 000 francs et possède en outre un capital de 2 millions, propriété d'environ 2 000 employés. Digne émule de son mari, Mme Boucicaut créa à son tour une *Caisse des retraites* à laquelle vingt ans de services et cinquante ans d'âge donnent droit de participer. Elle la dota de 5 millions, aujourd'hui portés à 6 par l'accumulation des intérêts, bien que déjà une centaine d'anciens employés reçoivent pour 90 000 francs de pensions annuelles. Nulle part, sauf en quelques compagnies minières, on n'a montré un tel souci de l'avenir. Comme il arrive en pareil cas. le traitement dont ce personnel du *Bon Marché* a été l'objet profite indirectement aux employés de toute la nouveauté et même à ceux du petit commerce; la loi de la concurrence oblige l'ensemble des patrons à suivre, de plus ou moins loin, l'exemple donné par cette maison modèle.

Il est vrai que, si la besogne est mieux rémunérée dans le nouveau commerce, elle est plus active. C'est une loi du monde moderne; on la constate pareillement dans l'industrie. Ces magasins, qui occupent 3 000 individus, manquent de personnel à certaines heures de la journée; on doit quelquefois faire queue à la *Belle Jardinière* pour acheter un pantalon, comme aux guichets des chemins de fer de banlieue le dimanche. La nécessité de réduire au minimum les frais généraux le veut ainsi. Pour ne pas manquer des ventes faute d'employés, à certains moments de presse, qui ne dépassent pas un total de 50 heures par année, on devrait s'imposer un surcroît de dépenses, par une augmentation du personnel, qui dépasserait de beaucoup le supplément de bénéfices. Aussi quoique la *durée* du travail ait diminué, que les grands magasins soient fermés plus tôt que jadis — en 1867, au *Bon Marché*, pendant l'Exposition Universelle, on marquait et l'on manipulait les marchandises de 9 heures du soir à 1 heure du matin, — quoique le repos du dimanche y soit strictement respecté et que des congés soient accordés en été, la réduction des heures de présence n'empêche pas le travail d'être beaucoup plus intense dans les grandes maisons que dans les petites.

L'existence du petit marchand dans sa boutique est plus douce. Debout sur le seuil de sa porte, ou béatement assis derrière son comptoir, il attend les clients sans tracas, cause longuement avec ceux qui se présentent et, si son gain est médiocre, sa peine l'est encore davantage. Son commis ou sa « demoiselle » participe à cet heureux *far-niente*. Tout autre est l'allure de l'employé de nouveautés, sans cesse en haleine, toujours vendant, toujours remuant; là, du petit au grand, chacun est rivé à son poste. Le métier est pénible; — « aussi, me disait l'un d'eux, nous avons tous un peu des mines de papier mâché » —; mais le profit est en rapport avec l'activité qu'il demande, et il y aura toujours des natures indolentes qui préféreront un moindre salaire pour un moindre travail.

On s'est apitoyé sur le sort des vendeuses auxquelles, a-t-on dit, il est défendu dans les grands magasins de s'asseoir jamais. Ce dernier trait est une pure légende, parce qu'au contraire, dans tous les comptoirs, il y a nombre de travaux que les employées ne peuvent faire qu'assises. Mais on oublie d'ajouter que nulle part le travail des femmes n'est aussi bien payé que dans ces usines commerciales, où leurs appointements ne diffèrent pour ainsi dire pas de ceux des hommes. Le *Louvre* et le *Bon Marché* emploient environ 500 femmes — le nombre diminue plutôt qu'il n'augmente. — La moitié à peu près sont mariées et le quart logées par l'administration, celles du *Louvre* quai des Grands-Augustins, celles du *Bon Marché* rue de Babylone, dans de vastes immeubles où elles ont une chambre, meublée, balayée et entretenue de linge gratuitement. Elles y jouissent, en commun, d'un confortable salon où elles organisent entre elles de petites fêtes; mais la discipline est si sévère qu'elles n'y peuvent introduire aucun visiteur du sexe fort, pas même leur frère, si elles en ont, parce qu'on a craint que ce doux nom de frère ne fût occasionnellement usurpé par un ami.

Le logement, qui est offert mais non imposé au *Bon Marché* et au *Louvre*, est obligatoire au *Printemps* pour les célibataires des deux sexes âgés de moins de 21 ans. Beaucoup de jeunes gens et de jeunes filles, ayant leur famille à Paris, habitent d'ailleurs avec elles. A y regarder de près, et sans affirmer que les demoiselles de la nouveauté soient toutes des vertus farouches, on doit reconnaître que leur moralité est tout au moins équivalente à celle des autres employées. Beaucoup ne sont plus de la prime jeunesse; en feuilletant les registres du personnel, on voit bien des retraites ou des départs entre 45 et 55 ans.

La nourriture des employés coûte à l'administration 1 fr. 60 à 2 francs par jour et par tête, suivant les magasins. Pour permettre à ses employés mariés de dîner en famille, le *Louvre* avait décidé de fermer à 7 heures au lieu de 8 pendant la morte-saison, en janvier, février, juillet et août, et de donner 1 franc d'indemnité à ceux qui prendraient dehors leur repas du soir. Ces derniers n'ont pas tardé à s'apercevoir qu'ils ne pourraient se procurer pour 1 franc un dîner semblable à celui que la maison leur fournit, et qui se compose d'un potage, un plat de viande ou de poisson au choix, un légume et un dessert. Le *Bon Marché* est plus large encore : il fait servir chaque jour une salade et concède un second plat de viande à qui le désire. J'ai copié le menu inscrit à la craie sur la porte des réfectoires : « Potage poireau, pâtée de canard, gigôt rôti à la purée de pommes de terre, épinards au jus, dessert. » Sous le rapport du dessert, les dames ont partout un supplément de faveur; au *Printemps*, le jour où j'ai visité ce magasin, on leur avait servi du « flan aux amandes ».

Les aliments sont tous de bonne qualité et préparés avec soin; la poule au riz que j'ai vu servir au *Louvre* avait fort bonne mine : or cette « poule » nécessite la présence de 700 volailles. Les cuisines de Gargantua, pour servir 3 000 personnes en trois

« gauches » — « gauche », en style de nouveauté, veut dire repas, — eussent été très insuffisantes. Celle du *Louvre* se fait à la vapeur dans des appareils perfectionnés ; 2 400 litres de potage cuisent dans trois bassines de chacune 800 litres de contenance : il faut par jour 10 pièces de vin, 1 400 kilos de pain, 1 200 kilos de viande, 250 kilos de beurre, 600 kilos de poisson, etc., etc., apprêtés et servis par 15 cuisiniers et 80 garçons de salle.

Deux millions de francs passent ainsi au *Bon Marché*, en victuailles ; neuf millions sont absorbés en outre par les appointements, fixes ou proportionnels, des employés. Ces onze millions constituent la grosse part des frais généraux ; le reste se partage entre les salaires des ouvriers occupés dans le magasin aux travaux de confection, lingerie ou tapisserie ; les ports payés en province et l'entretien des chevaux et voitures à Paris ; le chauffage et l'éclairage électrique, produit par des machines d'un millier de chevaux-vapeur, consommant 4 000 tonnes de charbon et alimentant 4 000 lampes à incandescence et 360 lampes à arc voltaïque.

La patente, doublée cette année par la loi nouvelle, atteindra 1 million. On estimait naguère à 3 pour 100 la part que l'État devait prélever sur le profit des commerçants ; peu à peu le chiffre est monté en moyenne à 6 pour 100 ; mais, pour les deux plus grands magasins, il va désormais représenter *un impôt de plus de 12 pour 100* sur leurs bénéfices! Une semblable taxation est inique; heureusement elle n'atteindra pas le but déguisé que poursuivaient des législateurs intéressés ou aveugles; le commerce de l'avenir continuera à marcher lentement vers des chiffres de plus en plus forts, comportant des frais et des gains de plus en plus faibles.

Il est une dépense, presque inconnue à l'ancien négoce, qui semble à première vue un vice d'organisation, puisqu'elle charge la marchandise d'un poids mort, sans profit pour le vendeur ni pour l'acheteur : c'est la publicité, qui varie, du *Bon Marché* au *Louvre*, de 2 millions et demi à 3 millions de francs. Depuis l'apparition du premier journal d'annonces, la « feuille d'avis du bureau d'adresses » de Renaudot, il y a 260 ans, la publicité qui ne connaissait dans le vieux Paris que la distribution des « factums » au coin des rues, principalement sur le Pont-Neuf, a pris une place de plus en plus grande. Elle aussi est un véritable organisme de la vie moderne. Mais nul n'en use plus largement que le magasin de nouveautés, où elle revêt mille formes ingénieuses : ce sont les 500 petits ballons à grelots, quotidiennement distribués à la jeunesse, qui coûtent au *Louvre* 50 000 francs par an; c'est le buffet gratuit qui représente une somme égale; ce sont les 25 000 bouquets de violettes offerts aux clientes du *Printemps*, lorsque son patron, le 20 mars, succède à l'hiver;

ou encore les primes gratuites — tasse à thé, sucrier ou plateau — que donne la *Samaritaine* à ses acheteurs du vendredi, afin de corser la vente de ce jour néfaste, en combattant les superstitions antiques qui taquinent encore ce siècle anticlérical.

La presque totalité des sommes consacrées à attirer le public passe en insertions dans les journaux et surtout en catalogues envoyés à domicile. Jusqu'à quel point cette débauche de papier glacé et d'échantillons pourra-t-elle être réduite dans l'avenir? je l'ignore. Présentement la publicité est nécessaire aux grands bazars pour lutter les uns contre les autres. Or il est indispensable qu'il existe des maisons rivales et qu'elles luttent entre elles; tout le progrès est là. La manifestation des prix, par les journaux et les prospectus, est utile à ceux mêmes qui n'achètent pas au grand magasin; elle sert de base, qu'il n'est guère possible aux détaillants de Paris ou de province de dépasser. C'est là ce qui les irrite; parce que s'ils refusent de vendre aux mêmes taux que le grand bazar ils ne vendent rien, et que s'ils vendent au même taux ils ne gagnent rien. L'influence des grands magasins sur les prix est ainsi dix ou douze fois plus importante au bien-être national, que ne pourrait le faire supposer leur chiffre d'affaires. Tous ensemble, ils ne vendent pas pour plus de 500 millions de francs, dont un cinquième au moins est, directement ou indirectement, exporté à l'étranger. Les 400 millions restants ne représentent que la dixième ou la douzième partie de la masse globale que font en France les branches de commerce du vêtement et de l'ameublement, concurrencées par eux, qui atteignent sans doute 4 ou 5 milliards de francs.

Les petits marchands vendent donc; mais, comme ils ne vendent pas aussi cher qu'ils le souhaiteraient, ils s'écrient qu'on les ruine. Le mal dont ils souffrent vient précisément de leur trop grand nombre. Le chiffre des patentés a cru, depuis trente ans, dans une proportion beaucoup plus forte que ne l'exige la population : de 100 000 à 130 000 à Paris. Cet encombrement est d'autant plus intempestif qu'il va à l'encontre de la concentration à laquelle tous les besoins de l'homme, en ce siècle, donnent successivement naissance. L'émancipation politique de la société moderne a aidé, suscité peut-être, cette évolution, et l'avenir sans doute lui réserve, par le progrès des sociétés de coopération, sa forme définitive.

CHAPITRE II

L'INDUSTRIE DU FER

I

La Fonte.

Ancienne métallurgie. — Fonderie agricole jusqu'à la Révolution. — Mineurs d'hiver. — Soufflets à vent et à eau. — Deux mille hectares de forêts par an pour alimenter une forge. — Prix du fer autrefois; c'est un objet de luxe. — La France est pauvre en minerais. — Forges de l'Est. — Combustible moderne. — Gestation du haut fourneau; durée de son existence. — Quinze mille kilos de matière à l'heure. — Du *gueulard* au *ventre* et au *creuset*. — La danse du coke. — Fourneau se soufflant lui-même. — La *plaque de gentilhomme*. — Sortie du *laitier*. — Pudding de feu; excursion au *crassier*.

Quand les anciens classaient l' « âge de fer » au dernier rang de leur catalogue, comme celui dont l'humanité devait attendre la moindre somme de bonheur, ils ne se doutaient guère que le fer marcherait pour ainsi dire pas à pas avec la civilisation, dont il est la condition indispensable. Et en effet, avec le papier, le fer est la marchandise dont l'usage en notre siècle a le plus augmenté.

A eux deux ces objets, l'un si fragile, l'autre si solide, le papier et le fer, ont été, dans l'ordre moral et matériel, les principaux agents du progrès. Fer, fonte ou acier ont d'ailleurs même caractère que l'époque pratique où ils se sont si prodigieusement développés : plus utiles, ce semble, que beaux. Sous le rapport de l'esthétique, les forgerons de jadis en avaient tiré tout le faible parti dont ils sont susceptibles; les contemporains, à cet égard, n'ont rien innové. Partout où il a évincé le bois et la pierre, le fer, artistiquement, ne les a pas remplacés. Serviteur nécessaire plutôt qu'agréable, il ne sait pas charmer; on l'aime par intérêt, non pour lui-même. Admirable quand il travaille — une locomotive en action a sa grandeur, un marteau-pilon en marche a sa majesté, — il est vilain au repos. L'architecte essaie-t-il d'en faire des monuments pour récréer la vue, son aspect osseux demeure pauvre, triste et sec. Cependant toute notre existence matérielle repose aujourd'hui sur lui.

En même temps qu'il en multipliait l'emploi, le siècle présent a perfectionné la fabrication de ce métal. La fonction et l'organe ont grandi de concert. Il n'existait pas autrefois de population manufacturière pour le fer; jusqu'à la Révolution la fonderie demeura œuvre purement agricole, tandis que beaucoup d'autres branches du travail national — les textiles par exemple — avaient déjà pris la forme industrielle.

On possédait une forge au XVIIIe siècle comme on a de nos jours une ferme. Le haut fourneau s'allumait à la fin des vendanges, pour s'éteindre à la récolte des foins. C'était, en pays de minerai, une occupation d'hiver. Le cultivateur se faisait mineur sans beaucoup d'efforts; il grattait, creusait quelque coin propice de son champ. Sa hotte une fois pleine, il allait à la forge voisine en vendre le contenu qu'il versait dans l'orifice du four; puis il repartait la remplir de nouveau. La production de ces fourneaux anciens, hauts d'environ quatre mètres, était en rapport avec cette alimentation rudimentaire. Ils fournissaient de 1 000 à 1 500 kilos de fonte par jour, tandis que ceux d'aujourd'hui, ayant 24 mètres d'élévation et larges à proportion, rendent quotidiennement 125 000 kilos de fonte; — et certaines usines en entretiennent huit ou neuf.

En comparant les livres de métallurgie, depuis la fin du XVe siècle jusqu'au commencement du XVIIIe on constate que les procédés, d'une date à l'autre, n'ont pas varié. Les forges les plus antiques n'avaient que des soufflets manœuvrés à la main, ou bien, établies sur les hauteurs, elles utilisaient la force du vent pour faire marcher leur soufflerie, par un mécanisme sans doute analogue à celui des moulins. Dès le règne de Louis XII, elles s'installèrent près des cours d'eau, dont elles avaient appris à se servir comme moteurs. Au lieu d'être cantonnées, ainsi que de nos jours, en sept départements — dont deux, la Meurthe-et-Moselle et le Nord, produisent à eux seuls les trois quarts du stock annuel des fontes françaises, — les forges de naguère étaient éparpillées sur tout le territoire, recherchant toutefois le voisinage des forêts qui leur procuraient le combustible.

On calculait qu'il fallait 100 kilos de bois pour avoir 17 kilos de charbon et 100 kilos de charbon pour obtenir 34 kilos de fer; soit une consommation de 1700 kilos de bois pour un rendement de 100 kilos de fer. Une forge moyenne absorbait ainsi à elle seule la production annuelle de 2 000 hectares de forêts. Les plus vastes domaines n'auraient donc pu suffire longtemps à une fabrication un peu active. Cette fabrication, d'ailleurs, les lois en faisaient souvent un privilège : dans la Normandie du moyen âge, les « férons » ou barons fossiers avaient seuls le droit d'allumer des fourneaux, et chacun d'eux ne pouvait produire qu'une quantité strictement limitée. La hausse des bois ne tarda pas à rendre ces prérogatives illusoires. Dès le XVIIe siècle, à mesure que les défrichements augmentaient, beaucoup de forges disparurent. Dans celles qui subsistèrent, la question du combustible, l'achat judicieux des bois, demeura la principale préoccupation du maître; elle exigeait des déboursés énormes. Ces arbres, acquis sur pied, qu'il fallait abattre, carboniser, voiturer, conserver en vastes monceaux, immobilisaient un sérieux capital.

Le prix du fer s'en ressentait. Ce qui coûte aujourd'hui 12 francs les 100 kilos coûtait, en tenant compte de la valeur de l'argent, 80 francs sous saint Louis ou sous Charles le Sage, 100 francs au XVIe siècle, 90 francs depuis Henri IV jusqu'à Napoléon Ier. Tout contribuait d'ailleurs à cette élévation des prix : non seulement le taux du minerai qui se payait en moyenne trois fois plus cher que de nos jours — bien que sa richesse fût identique à celle qu'il possède encore dans les mêmes gisements, — mais aussi la main-d'œuvre. La forge de Messarge, dans l'Allier, qui produisait 150 tonnes de fer en 1794, employait, au dire du commissaire de la Convention, 500 personnes; de nos jours, le dixième de cet effectif serait proportionnellement suffisant. Ce haut prix du métal en paralysait l'usage : le Roussillon passait, au XIVe siècle, pour exporter dans les provinces voisines une certaine quantité de minerai; d'après les comptes du péage, il se trouve qu'il n'en expédiait en réalité qu'une moyenne de *quarante tonnes* par an. Sur le territoire qui correspond à l'ancien département du Haut-Rhin, la vente du fer, qui constituait un monopole, était d'environ 100 000 kilos par an au début du XVIIe siècle. Dans la France contemporaine, un district de même étendue ne saurait se suffire à moins de 15 millions de kilos — 150 fois plus qu'il y a trois siècles.

Trois grands consommateurs d'aujourd'hui : chemins de fer, bateaux, machines, n'existaient pas; les besoins d'un quatrième, l'artillerie, étaient insignifiants. Encore nos fabricants eussent-ils été bien empêchés de les satisfaire. Après avoir importé des États de Venise, jusqu'au XVIe siècle, certaines tôles dont elle ne pouvait se passer, la France n'avait encore sous Louis XIII, avant la création de la fonderie du Havre, aucun établissement qui pût l'entretenir de canons. Richelieu, pendant la guerre de Trente ans, les achetait en Angleterre, en Hollande surtout, où ils étaient le meilleur marché. L'agriculture, autre gros mangeur de métal, n'en usait alors presque pas. Les essieux de charrette étaient en bois, les pelles aussi; les roues n'avaient pas de bandages, et les charrues ne consistaient qu'en une sorte de fer de lance, sillonnant les champs d'après la méthode de l'araire des *Géorgiques*.

Hier encore, c'est-à-dire sous Louis-Philippe, bien que la fonte coûtât 300 francs la tonne au lieu de production — son transport à Paris se payait 45 francs, — ce prix rémunérait si faiblement les maîtres de forges au bois que celles-ci, une à une, s'éteignaient. Grâce aux forges à la houille, et malgré la demande qui n'a cessé d'augmenter, les prix sont tombés au sixième de ce qu'ils étaient en 1840, tandis que la production de la fonte passait, dans le même intervalle, de 350 000 tonnes à plus de 2 millions en 1893. Notre pays cependant, malgré ses progrès contemporains, est déchu du rang qu'il occupait à cet égard il y a trente ans dans le monde, immédiatement au-dessous de l'Angleterre. Celle-ci même, classique fournisseur du globe, a perdu sa prééminence. Son apport de 6 millions de tonnes sur le marché universel est dépassé par celui des États-Unis, qui s'élève à 9 millions. Derrière le Royaume-Uni vient l'Allemagne qui, durant la dernière période, est brusquement montée de 500 000 tonnes à 4 millions et demi. La France n'occupe plus que la quatrième place avec un rendement de moitié inférieur, et à peine triple de celui de la Belgique.

Pour nous consoler de l'indigence relative de notre sous-sol, nous pourrions calculer, en prenant pour base l'extraction actuelle et les gisements exploités, qu'il ne restera plus dans cent ans de minerai de fer en Europe, et que, dans deux cents ans, il n'y demeurera pas un morceau de houille. Mais — laissant de côté cette préoccupation qui n'a rien d'immédiat — nous remarquerons que déjà la pénurie de charbon nous oblige à importer le tiers de celui que nous brûlons; et la moitié du minerai qui alimente nos forges vient de l'étranger.

La nature nous ayant ainsi peu favorisés, c'est à la perfection du travail, à l'habileté personnelle de ceux qui l'ont fondée, qu'est dû chez nous le succès de cette industrie.

Sur les deux millions de tonnes de fonte produites en France, la Meurthe-et-Moselle en fournit 1 200 000; six autres départements, dont le Nord, la Saône-et-Loire, le Pas-de-Calais, contribuent ensemble pour 600 000 tonnes; le reste du territoire pour 200 000 seulement. Mais le métal qui sort des hauts fourneaux de Flandre ou de Basse-Bourgogne est loin de provenir exclusivement du minerai de ces régions. A côté de celui qu'ils recueillent sur leur propre terrain : fer couleur de rouille, appelé *oolithique* parce que ses grains agglutinés ressemblent à des œufs de poisson, enfermés dans une gangue calcaire; fer *pisolithique*, jaune sale ou terreux, que l'on prendrait pour un tas de petits pois fossiles; avec ces minerais indigènes de qualité et de rendement médiocre — on n'en retire pas plus de 28 à 35 pour 100 en fonte, — se trouvent associés les minerais apportés des Alpes ou des Pyrénées, d'Espagne et de l'île d'Elbe, d'Algérie surtout, de la célèbre Mokta-el-Hadid, la « montagne de fer ».

Ceux-ci donnent 65 pour 100 de leur poids en un métal incomparable, mais que le transport enchérit au point qu'il ne pourrait, dans les emplois ordinaires, soutenir la concurrence des marchandises de moindre valeur. C'est là un fer, un acier aristocratique destiné à la machinerie, aux canons, au blindage des navires. L'importation du minerai algérien ou espagnol s'élevant à 800 000 tonnes par an, dont le produit en fonte est de 500 millions de kilos, on voit que la part du sol national dans la fabrication française se réduit à peu de chose, en dehors du bassin de l'Est.

Là, le minerai est si abondant et d'une extraction si aisée que, malgré sa faible teneur en métal pur, les forges lorraines n'ont pas eu de peine à l'emporter sur toutes les autres sous le rapport de la quantité. Les mines de fer de la Moselle sont pour la plupart peu profondes : on y entre de plain-pied par une pente douce. Les mineurs travaillent à la tâche par groupes de trois : un chef et deux aides. La roche s'attaque en taillant au pic une tranchée verticale et en faisant sauter, à la poudre, la partie inférieure; un second coup de mine fait tomber la partie supérieure. Le travail est d'ailleurs beaucoup plus délicat qu'on ne le croirait à l'entendre ainsi énoncer; il y faut un long apprentissage. Selon l'adresse de son chef, selon la manière dont il aura foré son trou, un chantier abattra plus ou moins, dépensera plus ou moins de poudre. Ce minerai est chargé par un des aides dans un wagonnet, qu'il pousse jusqu'à la galerie voisine. Il y accroche un numéro pour servir au règlement du compte, et un cheval conduit ces wagonnets jusqu'à une avenue plus vaste où, selon la configuration du sol et la distance qui sépare la mine des hauts fourneaux, divers systèmes de traction sont mis en usage. Plusieurs établissements se servent, pour l'adduction du minerai, de chemins de fer aériens : on aperçoit à 12 ou 15 mètres en l'air, pérégrinant solitaires par la campagne et parcourant, de leur propre mouvement, semble-t-il, les kilomètres, des bennes suspendues à un câble sans fin; les pleines, allant à la forge, marchant en sens inverse des vides, qui retournent à la mine; toutes se suivant régulièrement à 25 ou 30 mètres d'intervalle, selon la force de résistance, exactement mesurée, des chevalets, des fils, et de la machine à vapeur qui les actionne.

Dans l'usine la plus importante de l'Est, à Hayange, les mines étant toutes voisines des forges, un ingénieux funiculaire sur rails amène seulement les wagonnets jusqu'à l'entrée de la galerie principale. Ils sont alors pesés sur une bascule et portés à l'avoir collectif des trois ouvriers qui les ont remplis. En moyenne, puisqu'il faut toujours revenir aux moyennes, chaque ouvrier extrait 5 000 kilos par jour et gagne 5 francs, non compris sa dépense de poudre d'environ un franc et les frais de boisage ou autres de la mine, qui coûtent à l'administration un franc par tête. Ces cinq tonnes de pierre à fer, semblable à de la meulière concassée, reviennent ainsi à 7 francs et produiront à peu près 1 600 kilos de fonte au sortir du creuset. Le bon marché du minerai est ici l'un des principaux facteurs de la réussite. Il est compensé par le prix élevé du combustible que l'établissement est obligé d'acheter au loin, bien qu'il possède des mines de houille à proximité.

C'est que tous les charbons ne sont pas propres à se transformer en coke pour la fonte. Ils ne doivent être ni trop gras ni trop maigres. Les forges du bassin de la Loire fabriquent elles-mêmes leur coke, en mélangeant, dans des broyeurs spéciaux, les houilles et les anthracites du pays. La plupart des forges de l'Est, au contraire, doivent payer de 10 à 11 francs pour le transport de mille kilogrammes de coke qui, au sortir des fours de carbonisation du Nord, de Belgique ou de Luxembourg, ne se vendent pas plus de 14 francs. Ce détail montre qu'il n'y a rien d'exagéré dans l'opinion généralement admise en métallurgie que la tonne de fer, prête à être livrée au commerce, a payé en transports sept, huit et jusqu'à dix fois sa valeur primitive; en d'autres termes, que le prix du fer se compose en grande partie de frais de ports multiples. D'où il suit que le plus sûr moyen de gagner davantage, c'est de réduire au minimum le déplacement des matières premières. Il vaut mieux dans ce dessein se rapprocher du minerai, dût-on s'éloigner du coke; parce que, dans la fabrication de la fonte, il entre ici une tonne de coke contre trois tonnes de minerai, et que, par conséquent, l'économie réalisée d'un côté est trois fois plus grande que la dépense effectuée de l'autre.

Ces wagonnets que la mine jette sans discontinuer au dehors, à mesure qu'ils apparaissent à l'orifice, glissant sur les rails, et qu'ils viennent successivement se coller les uns aux autres, un homme les accroche ensemble, et le train se forme. Une locomotive y est attelée et l'emporte, à la place d'une égale quantité de wagonnets vides qu'elle ramène de la forge, prêts à retourner séparément sous terre. Ce train de minerai arrive à peine à destination qu'une troupe de déchargeurs s'en emparent, faisant basculer son contenu dans des réservoirs placés en contre-bas de la voie. Le déchargement, quelque rapide qu'il soit, comporte un premier triage. Suivant leur aspect, les qualités identiques sont réunies dans les mêmes compartiments, pour être isolément employées ou dosées en des mélanges rationnels. En six ou sept minutes, chaque manœuvre a versé quatre ou cinq wagons. Le train vidé repart chercher une nouvelle enfilée de voitures pleines.

Parallèlement à la voie étroite qui amène le minerai se trouve une ligne de largeur normale, raccordée aux réseaux des diverses compagnies de chemins de fer, donnant accès aux arrivages périodiques du coke, dont l'usine consomme 70 wagons par 24 heures. Pour le coke comme pour le minerai, les déchargeurs sont payés aux pièces ; mais la première besogne est moins régulière, par suite plus pénible que la seconde. Les heures de presse succèdent aux heures d'inaction, et ces alternatives de surmenage et de *far-niente* sont plus pénibles qu'une opération régulière.

Sous les récipients où s'accumulent côte à côte le coke et les divers minerais, s'étend une salle, basse et vaste infiniment, qui porte l'étage supérieur sur des colonnes de fonte énormes et très rapprochées, liées par un plancher de fer. Ici commence le travail perpétuel, qui ne connaît ni jour, ni nuit, ni fêtes. A la mine, on chôme régulièrement le dimanche, et la journée, si elle commence tôt, finit du moins de bonne heure, vers quatre heures de l'après-midi. Mais, pour l'enfantement du fer, la gestation est continue ; le haut fourneau, qui ne se repose jamais, exige qu'on l'alimente sans trêve. Ses entrailles, pour être toujours chaudes, doivent être toujours pleines. Ce géant, qui met au monde toutes les deux heures une cuvée de 10 000 kilos de fonte, et qui, dans le même temps, rejette de ses flancs, chaque fois qu'on les ouvre, environ 20 000 kilos de scories qu'il n'a pu assimiler, consomme par conséquent une moyenne de 15 000 kilos de matières à l'heure. Il fait ce métier depuis qu'il est debout, jusqu'à ce qu'il meure de vieillesse. Sa vie dure, en général, quinze ans, sauf accidents. Il ne s'éteint que pour s'abattre, et, comme le phénix, il renaît de ses cendres; on le rebâtit avec de nouvelles briques, on le rallume et il repart.

Les chiffres qui précèdent s'appliquent à la France; aux États-Unis, il faut les doubler. Le haut fourneau du dernier modèle produit, de l'autre côté de l'Atlantique, 250 tonnes de fonte par jour. Non que ses dimensions soient doubles des nôtres, mais il digère plus vite ce dont on le gave; l'opération marche plus rapidement parce qu'on la pousse davantage; on souffle plus fort. Ce qui est possible en Amérique où le minerai est plus lourd, ne le serait pas chez nous. Si nos soufflets possédaient la même énergie, ils enverraient tout dans la cheminée.

Six ouvriers, divisés en deux équipes de trois hommes, travaillant chacune 12 heures à tour de rôle, suffisent pour alimenter un fourneau. Quoique plus longue que celle de leurs camarades des autres ateliers, leur besogne est beaucoup moins pénible, très peu intensive et coupée de fréquents repos; ce qui prouve, entre parenthèses, combien serait superficielle l'application légale d'une journée uniforme à des labeurs qui, dans la même usine, sont si différents. C'est sans se presser, et tout en fumant leur pipe, que les chargeurs de fourneaux roulent une boîte vide sous les réservoirs dont je viens de parler. Ils font jouer un levier, une soupape s'entr'ouvre par laquelle le coke ou le minerai tombe et emplit ce vase de tôle. Ils le poussent ensuite jusqu'à la plate-forme d'un ascenseur qui l'emporte, tandis qu'une autre benne semblable redescend. Et ainsi, depuis le matin jusqu'au soir, depuis le soir jusqu'au matin.

Suivons ce minerai qui monte. Parvenu au sommet, une grue s'empare de la boîte cylindrique dans laquelle il est contenu et la tient snspendue sur l'orifice du four, pendant qu'un mécanisme spécial enlevant les parois mobiles de dessus le fond, comme un pâtissier enlèverait un moule de dessus un gâteau, la matière s'engloutit d'elle-même en un clin d'œil dans le *gueulard*. C'est le nom que porte la partie supérieure de la *cuve*, où sont introduites les charges. Plus bas se trouvent le *ventre*, les *étalages*, l'*ouvrage* et le *creuset*, cinq parties essentielles d'un haut fourneau, que traversent ensemble, à mesure que leur transformation s'accomplit, le combustible, le minerai, et certains calcaires stériles qui leur sont adjoints, analogues à nos moellons de bâtisse, que l'on nomme les *fondants*. Leur unique objet est de mieux assurer la fusion du mélange et de préserver la fonte de l'action du courant d'air.

A son entrée, lorsque le couvercle du four s'est refermé sur lui, le minerai se trouve soumis à une température de 50 à 60 degrés seulement. A mesure qu'il se dessèche, s'échauffe, s'altère et se réduit, il descend vers le *ventre*, où les réactions s'accentuent. Dans les *étalages*, le fondant, qui est maintenant de la chaux, forme avec la gangue, ou partie inutilisable du minerai, un silicate fusible qu'on nomme *laitier*; le fer se combine en même temps avec du carbone et un peu de silicium, qui le rendent liquide en l'amenant à l'état de fonte. C'est le moment où il tombe dans le creuset. Il fait alors de 1 300 à 1 400 degrés de chaleur. Le fourneau, pour résister à une pareille température sans éclater ni se fendre, possède, à l'intérieur de sa première enveloppe épaisse d'un mètre, deux *fausses chemises* en briques réfractaires, distantes l'une de l'autre de 10 centimètres, dont la plus étroite renferme le métal en fusion.

En appliquant son œil au regard de verre, large comme l'objectif d'une lorgnette, ingénieusement combiné pour permettre au maître fondeur de se rendre compte de la marche du travail, on aperçoit, à l'intérieur du cratère de cette espèce de volcan apprivoisé, danser tout blancs, dans une sarabande enragée, les morceaux de coke au milieu d'un lac de fer. Cette agitation, compagne nécessaire de la métamorphose qui s'accomplit, le mouvement forcené de ces choses en train de perdre leur forme, leur substance et jusqu'à leur nom, leur est communiqué par le vent qui entre sans discontinuer, avec une puissance de 500 chevaux-vapeur, et s'introduit entre le *creuset* et l'*ouvrage*, grâce à de vastes tubes nommés *tuyères*.

C'est peut-être le côté de la fabrication qui surprendrait le plus les maîtres de forges des temps anciens. Cet air, happé tout à l'heure par les souffleries à même l'atmosphère, vient d'être porté dans des appareils spéciaux jusqu'à 600 degrés de chaleur avant d'être chassé dans les fours. Lorsqu'il y arrive, avec une force capable de balayer un escadron en plaine, il n'est, pour ainsi dire, plus qu'un jet de flamme, promené et rôti comme il l'a été dans des serpentins de fonte, léché de tous côtés par un gaz incandescent. Et le plus curieux est que le gaz n'est autre chose que l'oxyde de carbone, produit par la combustion même du haut fourneau. Il s'en dégage en abondance et est capté, à la partie supérieure, dans de solides tuyaux qui l'amènent à la soufflerie. Là, il s'allume de lui-même, au contact de celui qui l'a précédé; non seulement il chauffe l'air destiné à activer la fusion du métal, mais il remplace le charbon dans les chaudières des machines à vapeur qui actionnent les soufflets. C'est un calorique gratuit, si généreux et si complaisant qu'on emploie souvent à d'autres usages ce qu'on n'en peut utiliser dans la fonderie. Ainsi le four, sous ce rapport, s'alimente seul : le gaz chauffe et expédie le vent, le vent décompose les matières qui produisent le gaz.

Dans le minerai liquéfié, la division s'opère d'elle-même entre la fonte, que son poids entraîne au fond du creuset et la scorie ou *laitier*, qui surnage. Les ouvriers auxquels incombe le soin d'écumer ce pot-au-feu infernal déplacent avec de longues barres de fer la *plaque de gentilhomme*, espèce de soupape protégée intérieurement par du sable amoncelé ; ils poussent une pièce mobile, la *dame*, et la lave, trouvant une issue, s'écoule au dehors, en ruisseau d'un rouge si vif qu'on a peine à soutenir sa vue, pour aller tomber dans des bassines énormes où elle ne tarde pas à se solidifier.

Cette marmite en tôle, doublée de briques, où s'accumulent ainsi huit à neuf mille kilos de pierre en fusion, est emportée, une fois pleine, par la locomotive qui va jeter son contenu au *crassier*. Le *crassier*, dépotoir des ordures de la forge, a commencé par être un simple tas de cendres noires ; de mois en mois, d'année en année, il a grossi, recevant tous les quarts d'heure un nouvel envoi de matières. Il s'est élevé, élargi ; c'est aujourd'hui une véritable montagne qui s'étale à quelque distance et modifie le relief naturel du sol. On lui a donné la forme d'un remblai de 3 kilomètres de long, de 40 mètres de haut et de 60 mètres de large au sommet, sur lequel sont posés les rails. La locomotive gravit la pente, poussant sur un wagon sa boîte de scories devant elle. Au point d'arrivée, elle lance vers le bord du talus le wagon qui bascule, et le liquide de tout à l'heure, figé maintenant, se précipite dans le vide sous la forme d'un pudding large de 3 mètres, à l'écorce noire, dont on voit la nuit s'ouvrir les entrailles de feu, lorsqu'il se casse en roulant vers la vallée.

Cette lave, quoique refroidie, fermente encore durant des années; elle se rallume souvent d'elle-même. Le sol que l'on foule là-haut est tiède, échauffé par une lente combustion souterraine, et parfois il s'y forme des crevasses inattendues où s'effondre une locomotive. Les plantations d'arbres vivaces, que l'on tente d'incruster sur les flancs du *crassier*, pour les soutenir et empêcher les éboulements, ne s'acclimatent qu'après plusieurs essais infructueux. Cette substance minérale, qui a passé par la flamme, brûle les racines qu'on lui confie. Elle est très longue à redevenir terre, à acquérir la capacité de nourrir les végétaux.

II

L'Acier.

Trente heures pour transformer le minerai en rails. — Une préparation de pharmacie. — Chemins d'acier substitués aux chemins de fer. — Bessemer. — L'air froid servant à élever la température. — Le manganèse. — Découverte du procédé Thomas. — Une bouteille de champagne et un paletot. — Coupage des fontes liquides. — Les « convertisseurs ». — Un soufflet de 1 700 chevaux-vapeur. — De l'acier instantané. — Scories de déphosphoration. — L'art d'accommoder les restes. — 24 000 francs de rente dans un trou. — Les Wendel, doyens des métallurgistes français. — Une preuve que la Prusse se préparait, en 1866, à nous céder la rive gauche du Rhin.

Le haut fourneau est débarrassé de ses scories à des intervalles inégaux, suivant l'appréciation du contremaître : la sortie de la fonte est plus régulière. Toutes les deux heures environ, on débonde le creuset, en retirant un tampon d'argile qui le bouche, et le jet de feu liquide s'élance, d'aspect en tout semblable pour le profane à celui du *laitier*, recueilli comme lui dans des récipients mobiles. A ceux-ci toutefois on ne laisse pas le temps de se refroidir. Une locomotive les conduit en hâte à l'usine contiguë, où leur contenu va se transmuter en acier.

En trente heures, ce minerai que nous avons vu sortir des flancs de la colline, sous forme de roche, est fondu, coulé, converti, laminé. Il nous apparaîtra bientôt transformé en rails de chemin de fer. L'acier, que l'on fabrique aujourd'hui si aisément, en si grande quantité et à si peu de frais qu'il a évincé le fer de tous les emplois où ce dernier n'est pas indispensable, était jadis une préparation de pharmacie, très coûteuse à obtenir, dont il n'existait dans le commerce qu'un stock insignifiant et qui, par suite, était d'un prix inabordable. Le kilo se vendait 2 à 3 francs de notre monnaie aux XVIIe et XVIIIe siècles — une partie venait d'Allemagne et d'autres pays étrangers; — il vaut actuellement 0 fr. 12. Il y a cinquante ans à peine, il coûtait 0 fr. 50; enfin il n'y a pas quinze ans, lorsque l'on commençait à substituer le rail d'acier au rail de fer — on sait qu'aujourd'hui il n'y a plus de « chemins de fer », mais seulement des *chemins d'acier*, — les compagnies du Nord et de l'Ouest s'estimaient très heureuses de payer ces rails à raison de 0 fr. 23 le kilogramme.

La première baisse de ce métal avait été la conséquence de l'abaissement proportionnel des prix du fer. Dès 1785, les Anglais avaient, les premiers, su tirer le fer de la fonte par le *puddlage*, dont je parlerai plus loin. Les guerres de l'Empire, paralysant les relations entre les deux pays, la routine des maîtres de forges, et surtout les préjugés du commerce à l'endroit de ce fer nouveau, avaient retardé l'introduction en France des procédés d'outre-Manche, qui ne passèrent le détroit que sous la Restauration et ne se développèrent que sous Louis-Philippe. Ce système d'ailleurs ne supprimait pas la vieille hiérarchie du travail métallurgique, qui obligeait la fonte, avant de prétendre au grade supérieur d'acier, à stationner dans l'état intermédiaire de fer. Cet échelonnement fut aboli en 1853 par Bessemer, qui inventa la promotion directe de la fonte à l'acier, et démocratisa celui-ci au point que, dans un avenir peu éloigné, il se cotera sans doute plus bas que le fer.

Cette révolution s'explique : non seulement le passage immédiat à l'acier économise la dépense du charbon qu'exigeait la façon du fer, mais, dans certaines usines de l'Est, la main-d'œuvre d'une tonne de fonte revient à 3 fr. 75 pour être transformée en acier, au lieu de 12 à 15 francs qu'elle coûterait pour être transformée en fer. L'écart, quoiqu'en partie atténué par certains frais supplémentaires de fabrication des fontes destinées aux aciéries, demeure néanmoins considérable. Si le fer n'offrait pas cet avantage, fort apprécié des forgerons, d'être plus facile à souder, plus commode que l'acier, par sa dureté moindre, à s'adapter dans les campagnes aux mille besoins de l'agriculture, ses jours à coup sûr seraient comptés.

Des diminutions de prix, analogues à celle que je viens d'indiquer, sont obtenues chaque année dans l'industrie moderne par l'emploi d'un nouvel outillage : ainsi, en 1893, la substitution du cubilot au creuset, pour la fonte malléable, a permis au Familistère de Guise d'abaisser de 107 à 67 francs le coût des 100 kilos de chaudronnerie qu'il livre au public. Pour une marchandise aussi importante que l'acier, c'était une découverte grosse de conséquences, que l'idée d'un affinage pneumatique consistant à faire passer, à travers le bain de fonte, un courant d'oxygène qui brûle les éléments étrangers du fer.

Il devait sembler éminemment paradoxal, à première vue, que de l'air froid, pénétrant dans la fonte en fusion, pût en élever encore davantage la température. Comme il arrive toujours en cas pareil, la théorie scientifique du procédé ne fut faite qu'après que la pratique en eût été trouvée, à la suite de longs tâtonnements. Ces tâtonnements furent coûteux. L'inventeur était riche : avant de réussir il mangea 7 millions en expériences — toute sa fortune, puis celle de son beau-frère, qui s'était associé à lui. — Le gros du problème une fois résolu, Bessemer avait constaté que son fer, au cours de l'opération, conservait de l'oxyde dissous qui le rendait cassant. Il s'aperçut alors que, si les minerais employés par lui contenaient une proportion appréciable de manganèse, comme ceux de Suède par exemple, l'acier était meilleur. De là lui vint l'idée d'ajouter du manganèse pur, importé d'Allemagne ou d'outre-mer, autant qu'il en faudrait pour que cette substance, plus oxydable que le fer, fît passer l'oxyde à l'état métallique et annihilât par là même ses inconvénients. Moyennant cette addition si simple de 7 kilos de manganèse, par 1000 kilos de fonte, le succès fut complet.

Pour la France cependant il n'était pas encore d'une très grande utilité, parce que la plupart de nos minerais nationaux contiennent une notable quantité de phosphore. Les fontes phosphoreuses que l'on en tirait, le fer qui en provenait, étaient d'une valeur médiocre. Impossible d'en obtenir un acier marchand. Telle était la situation lorsqu'en 1879 un pauvre clerc de notaire anglais, nommé Thomas, qui suivait à Londres des cours publics de métallurgie, trouva la formule pratique de déphosphoration des fontes. L'idée première appartenait à l'un de nos compatriotes, M. Grüner, professeur à l'École des mines de Paris, qui, dans ses ouvrages, l'avait plusieurs fois suggérée. Mais il n'avait pas construit d'appareil, et toute la difficulté résidait dans l'application du principe scientifique.

On savait déjà que la chaux, mélangée à la fonte phosphoreuse dans une proportion déterminée, accaparait la totalité du phosphore avec lequel elle se combinait, et dont l'acier se trouvait ainsi purgé. Mais en même temps, par une réaction chimique, cette chaux faisait fondre les briques qui formaient le revêtement intérieur du convertisseur. L'idée semblait excellente et impraticable. Un Français, nommé Ponsard, qui avait essayé d'en tirer parti, venait d'échouer, lorsque Thomas imagina de remplacer la chemise de briques par un enduit de *dolomie*, sorte d'asphalte composé de goudron et de magnésie — qui doit son nom à un savant du premier Empire, le marquis de Dolomieu, — et qui, n'offrant à la chaux aucune prise, est presque inaltérable. Le métal ainsi obtenu porte en langage technique le nom d'acier *basique*, tandis que celui de Bessemer est appelé *acide*. Mais tous deux se valent, et cette désignation de laboratoire ne sert qu'à distinguer leur fabrication.

Informé de la découverte, M. Schneider se rendit aussitôt à Londres ; il était cependant en retard de vingt-quatre heures. La veille, l'inventeur avait vendu l'exploitation de son procédé dans le nord de la France à un Belge, M. Tasquin, moyennant la faible somme de 50 livres sterling — 1 250 francs, — sur laquelle il s'était immédiatement payé une bouteille de champagne et un paletot. Le président du Creusot acquit toutefois, pour 25 000 francs, le droit d'appliquer cette méthode dans ses usines ; mais, lorsqu'il s'agit de l'étendre aux districts de l'Est, MM. Schneider et de Wendel durent racheter 800 000 francs à M. Tasquin ce que celui-ci avait obtenu pour 1 250 francs. Quant à M. Thomas, quoiqu'il soit mort jeune, quelques années plus tard — il n'avait que vingt-huit ans en 1879, — succombant à la maladie de poitrine qui le minait, il eut le temps de profiter largement de son succès par la vente de divers brevets dans les deux mondes. En une seule région de l'Allemagne, la cession de son idée lui rapporta 3 millions. De leur côté, les maîtres de forges qui surent assurer à leurs établissements, pour sa durée légale, le monopole de cette méthode tombée depuis un an dans le domaine public, n'eurent pas à regretter leur initiative. Le groupe d'Hayange, en particulier, lui doit un prodigieux essor.

Grâce au nombre imposant des fourneaux allumés, il arrive à l'aciérie à peu près toutes les vingt minutes une bassine de 10 000 kilos de fonte. Naguère on la versait directement dans le convertisseur; aujourd'hui, suivant une coutume importée d'Amérique, on procède à un mélange préalable : dix bassines sont successivement vidées dans un vase qui contient 100 000 kilos de fonte liquide. Comme un négociant de Bercy qui coupe dans ses foudres des vins de plusieurs provenances, ou mieux comme un grand agriculteur qui marie ensemble le lait des cinquante vaches de ses étables, l'industriel obtient un métal plus homogène, plus régulier, en rassemblant ainsi la traite brûlante de ses divers creusets.

La fonte, soutirée ensuite et dosée par portions uniformes, va subir sa deuxième incarnation : sous une halle immense apparaissent rangés le long du mur, à mi-hauteur, six ou sept obus gigantesque; ce sont les *convertisseurs*. Leur base semble une écumoire, percée d'une masse de petits trous, par lesquels entrera le vent avec une force de 1700 chevaux-vapeur, correspondant à une poussée de 2 kilos par centimètre carré. La puissance de la soufflerie est assez grande pour que ce vase, dont le fond est ainsi troué, ne perde pas une goutte de la fonte liquide qu'il contient; 11 500 kilos de cette fonte, jointe à 2 000 kilos de chaux et à 80 kilos de manganèse, vont produire en quelques minutes 10 000 kilos d'acier.

Le convertisseur, pour recevoir son chargement, avait pris une position horizontale. Un coup de sifflet se fait entendre; il se redresse; on donne le vent. Tous les mouvements de ce mastodonte de fer lui sont imprimés par un mécanicien, immobile à nos côtés, à l'une des extrémités de la salle, devant un clavier de robinets, de leviers et de ressorts, qu'il pousse alternativement du bout du doigt suivant les signaux qui lui sont transmis. Le métal entre aussitôt en ébullition, sous l'action de l'oxygène de l'air, et pendant trois minutes un bruit terrible, tonitruant, se fait entendre : c'est la combustion du silicium. A ce bruit se joint, durant les huit minutes suivantes, une flamme qui, par la gueule de l'appareil, s'échappe rugissante et tellement vive que, même en plein midi, les objets environnants projettent des ombres noires sur les murs de l'usine. C'est la combustion du carbone. Puis la flamme s'éteint, le bruit cesse ; on ne voit plus sortir qu'une fumée rougeâtre, intense. C'est le phosphore qui brûle. Enfin l'appareil s'incline majestueusement vers nous et, à ce moment, il en sort un bouquet de feu d'artifice, un éventail formidable d'étincelles. L'opération est terminée ; une autre recommencera tout à l'heure dans le convertisseur voisin.

Celle-ci a duré en tout de 14 à 15 minutes, avec une précision mathématique. Si on la prolongeait davantage, on brûlerait du fer, il y aurait perte ; si l'on cessait trop tôt, l'acier serait imparfait. Cet acier liquide est immédiatement versé dans les lingotières, sortes de moules d'une fonte spécialement préparée pour cette destination.

Quant au résidu de 3 500 kilos environ, demeuré dans la cornue, il représente maintenant une richesse : ce sont les « scories de déphosphoration », avidement recueillies par l'agriculture, pour qui elles constituent un engrais de premier ordre. Ces blocs immenses seront broyés en une poussière assez fine pour que les plantes auxquelles on l'offrira puissent absorber vite, et sans en rien perdre, sa teneur en phosphore. Quelques aciéries se livrent elles-mêmes à ce travail de mouture; la plupart vendent leurs scories phosphoreuses à des intermédiaires qui, pour en tirer profit, ont fait à l'envi les uns des autres une publicité avantageuse aux détenteurs de cet engrais. Si bien que ce phosphore, naguère odieux aux industriels de la métallurgie, non seulement ne les gêne plus, mais leur rapporte. Les 2 000 kilos de chaux introduite dans le convertisseur n'ont coûté que 38 francs. Les 3 500 kilos de scories phosphoreuses qui en sortent sont vendues, brutes, environ 80 francs. Ici d'ailleurs le bénéfice du maître de forges n'est qu'apparent; le gain réel est pour l'ensemble des consommateurs. L'arrivée d'un nouvel engrais artificiel sur le marché tend à faire baisser les prix de cette marchandise indispensable aux agriculteurs ; et le profit des usines sur cet engrais leur permet de réduire, d'un chiffre correspondant, le prix de la tonne d'acier livrée au commerce.

Le rôle de ces « sous-produits », l'art d'accommoder les restes, est toujours une partie bien curieuse de l'organisation contemporaine — à Paris, la Compagnie du gaz y trouve le plus clair de ses dividendes. — On m'a montré, aux forges de Jœuf, une sorte de bassin, de douve malpropre, où se jette un ruisseau d'eau noire ; il procure un revenu net de 24 000 francs par an. Cette eau, provenant des forges où elle se charge d'oxyde de fer, allait il y a quelques années se perdre directement dans la rivière voisine. Il a suffi de construire ce trou bétonné, qu'elle traverse en s'y reposant, pour capter gratis une quantité rémunératrice d'oxyde.

L'usine de Jœuf, d'un rendement annuel de 150 000 tonnes, est située en Meurthe-et-Moselle, à quelques pas de la frontière allemande. Elle est la propriété de ce groupe d'Hayange, dont une partie malheureusement a cessé en 1871, par le traité de Francfort, d'appartenir à notre pays, et que j'ai pris pour point de départ de cette étude parce qu'il est le plus important de toute l'Europe, non pas tant par les 13 000 ouvriers qu'il occupe que par l'énormité de sa production. Son contingent représente à lui seul 500 000 tonnes de fonte, c'est-à-dire une quantité égale au quart de toutes les usines françaises réunies.

Les directeurs-gérants de cette association, MM. Henri et Robert de Wendel — ce dernier vice-président, avec M. Henri Schneider, du Comité des forges de France, — offrent aussi cette particularité d'être les doyens des métallurgistes français. Ce fut en 1705 qu'un Wendel, gentilhomme lorrain, leur ancêtre direct, se rendit acquéreur d'Hayange. Depuis près de deux siècles, ses descendants y font du fer. Ignace de Wendel, commissaire des manufactures et capitaine d'artillerie, contribuait aussi en 1789 à la création de la fonderie royale du Creusot. François de Wendel, son fils, enseigne de vaisseau à la fin de l'ancien régime, se trouva revenir d'émigration en 1808, avec 30 louis pour toute fortune, juste au moment où l'industriel qui avait acheté nationalement son usine, durant la période révolutionnaire, venait de tomber en faillite. Rentré, moyennant une somme de 30 000 francs que lui avancèrent des amis, dans le domaine patrimonial, il entreprit, pour le gouvernement de Napoléon, la fabrication du matériel de guerre. Dans les mêmes salles où l'on étame aujourd'hui pacifiquement du fer-blanc, pour les boîtes de conserves alimentaires, là où s'agitent, silencieuses, des ouvrières semblables aux femmes d'Orient, la tête enveloppée tout entière de linges blancs qui ne laissent apercevoir que leurs yeux — précaution indispensable dans leur métier, — on travailla sans relâche jusqu'à 1814 à fournir les armées de l'Empire d'essieux et de boulets.

Ce genre de commandes venant à cesser brusquement en 1815, il fallut s'ingénier à trouver autre chose. Les Anglais, beaucoup plus avancés que nous alors, se montraient peu disposés à vulgariser leurs méthodes sur le continent pour s'y créer des concurrences. François de Wendel fit son petit « Pierre le Grand » ; il passa le détroit et s'engagea en 1817 comme simple ouvrier dans plusieurs usines britanniques. Il en rapporta cet affinage du fer à la houille, le *puddlage*, qu'avait inventé au siècle précédent un forgeron, aïeul des futurs comtes Dudley. Il y apprit aussi la construction des laminoirs actuels — avec les anciens on pouvait seulement rondir le fer, mais non l'étirer. — Par un étrange contraste, ce personnage, si novateur en industrie, l'était fort peu en politique. Député ultra-royaliste de l'arrondissement de Thionville, sous la Restauration, un libéral lui faisait l'effet d'un jacobin, et il apportait la même ardeur dans la défense de ses idées que dans le progrès de ses manufactures. Il eut un jour à la chasse, avec son cousin M. de Serre, ancien ministre de Louis XVIII, une discussion politique si vive que, séance tenante, en plein bois, les deux interlocuteurs envoyèrent chercher des épées et se battirent comme des jeunes gens.

A la mort de François de Wendel (1825), Hayange ne produisait que 15 000 tonnes de métal, mais ce métal revêtait des formes innombrables. Chaque forge avait encore son rayon de vente restreint et alimentait ce rayon de tous les articles possibles en fer, tôle ou fonte : depuis les casseroles et les croix de cimetières, jusqu'aux bandages et aux mors de brides. Au début de l'industrie des voies ferrées et des besoins de marchandises nouvelles, vers 1845, la transformation des usines commença. La recherche du bon marché fit enfin délaisser, dans les hauts fourneaux, le charbon de bois vendu jusqu'à 120 francs la tonne, auquel se substitua le coke qui en coûte présentement 25. Sous la direction de M. Charles de Wendel, associé à sa mère, femme d'une rare intelligence, les forges atteignirent en 1872 un rendement annuel de 180 000 tonnes. Ce succès métallurgique n'avait pas suffi à l'activité des propriétaires d'Hayange; ils y joignaient dans le voisinage diverses exploitations houillères.

Un jour même, par suite de causes politiques, ce côté de leur industrie fut sur le point de prendre un énorme développement. L'anecdote mérite d'être contée; elle peut servir à l'histoire. En 1866, au moment où la guerre allait éclater entre l'Autriche et la Prusse, tandis que les deux pays marchandaient à l'envi l'un de l'autre l'alliance de la France, le gouvernement prussien s'avisa tout à coup qu'il était propriétaire sur la rive gauche du Rhin, à Sarrebruck, de mines de charbon dont on peut apprécier l'importance par ce double détail qu'elles ont rapporté, dans la seule année 1874, 31 millions de francs, et qu'elles valent aujourd'hui encore une centaine de millions. Il résolut de les vendre et, comme il semblait fort pressé de trouver un acquéreur, il se contenta d'en demander 25 millions. La société de Wendel, avec qui il était disposé à traiter, se mit en mesure de réaliser les fonds, aidée de divers capitalistes parisiens. Mais tandis que les pourparlers continuaient et que la guerre austro-prussienne suivait son cours, le cabinet de Berlin se refroidissait, puis élevait des prétentions nouvelles. Bref le lendemain de Sadowa, l'affaire fut brusquement rompue par le ministre du roi Guillaume. Sans prétendre tirer de ce détail plus qu'il ne comporte, il est certain que, si la province rhénane avait dû être cédée à la France, les biens domaniaux qui y étaient situés fussent passés de droit d'un pays à l'autre; au contraire, vendus d'avance à des particuliers, par mesure de bonne administration du gouvernement prussien, ce dernier, malgré la cession, en gardait légitimement le prix.

Si la société d'Hayange qui, par un pieux souvenir, porte maintenant cette raison sociale : « Les petits-fils de François de Wendel », a pris un essor aussi rapide, elle le doit certainement à l'usage du procédé Thomas et Gilchrist, mais aussi et surtout à l'extraordinaire activité des deux frères qui la dirigent. Doués de qualités opposées, ils se complètent l'un l'autre. Le premier, ingénieur et industriel, prodigue l'argent à propos, augmente le matériel, les moyens de fabrication; le second, commerçant et financier, a le don de la vente, il fait rentrer avec profit les capitaux. MM. Henri et Robert de Wendel ont compris que la spécialisation était le secret du succès d'une manufacture moderne. Ils se sont attachés à ne faire qu'un petit nombre d'articles : ceux où le prix de la matière première importe plus que la perfection de la main-d'œuvre, les rails par exemple, l'acier en barres ou en lingots, le fil de fer. Et, comme le bassin de la Moselle est à ce point de vue spécialement bien placé, ils sont devenus sans rivaux pour la quantité du métal jeté en pâture au vieux monde.

III

Le Creusot.

La charbonnière du père Dubois. — Louis XVI actionnaire du Creusot. — Première ruine de l'établissement (1818). — Tuyaux de gaz de Paris. — Deuxième et troisième faillites. — Avènement de la dynastie Schneider en 1836. — Lingots d'acier se réchauffant tout seuls. — Les laminoirs. — Éclosion du fil de fer; sa traîtrise. — Aciers de luxe, cuisinés chimiquement. — Martin-Siemens. — Chaleur de 2 000 degrés. — Sept sortes de fer. — Puddlage, *Petit-Hôtel*. — Clientèle belliqueuse du Creusot. — Presses hydrauliques et marteaux-pilons. — Traitement d'une paille dans une plaque de blindage. — Mesurage des arbres de marine au centième de millimètre.

Le Creusot, au contraire, tient la tête pour la variété des produits autant que pour le fini du travail. Ce méthodique et splendide entassement d'usines, couvrant 400 hectares et occupant 15 000 hommes, outillées pour soulever tous les poids, dompter toutes les résistances, mettre sur pied n'importe quelle machine, triturer et pétrir par ses pilons ou dans ses fours des blocs formidables, dociles comme la glaise sous le pouce du sculpteur, cet établissement vraiment national du Creusot, qu'un Français ne visite pas sans orgueil, est, comme le précédent, l'œuvre de l'intelligence et du labeur obstiné de deux hommes.

Un acte de 1507 sanctionne l'amodiation, *au Crosot*, d'une terre à tirer du charbon, « moyennant trois *francs* deux gros pendant six ans ». C'est en effet au charbon, plus qu'au fer, que doit le jour cette ville de 30 000 âmes, naguère hameau perdu dans un site aride, au milieu des montagnes qui séparent le bassin de la Saône de celui de l'Arroux. Au siècle dernier, on appelait ce lieu « la Charbonnière ». La houille, exploitée par les procédés de jardinage indiqués ci-dessus, n'était extraite qu'à faible dose et l'un des propriétaires, le « père Dubois », en laissait prendre sur son terrain, vers 1750, la charge de six chevaux ou de quatre bœufs « moyennant un écu de six livres et autant de vin qu'il en pourrait boire... »

La houille, proscrite des villes au moyen âge, entraînant même, à Paris, condamnation à l'amende ou à la prison pour les maréchaux ferrants qui l'employaient, accusée de vicier l'air, de jaunir le linge dans les armoires, de provoquer des maladies de poitrine, etc., commençait à être mieux appréciée. Une société se fonda au Creusot en 1784, ayant à sa tête les sieurs Perrier et Bettinger et, parmi ses principaux actionnaires, le roi Louis XVI. Son but était, avec la mise en valeur des mines que l'on venait de découvrir, l'établissement d'une fonderie de fer au *coak*, initiative hardie dont il n'existait pas d'autre exemple dans tout le royaume.

Quatre hauts fourneaux étaient en marche; une machine à vapeur du système Watt avait été installée, et la forge se préparait à étendre ses relations à distance, grâce au canal du Centre qui allait être livré à la navigation, lorsque la Révolution éclata. Pendant vingt ans, l'usine se borna à fondre des canons, des boulets et des bombes. Les quatre lions de fonte, placés à Paris sur le perron de l'Institut, furent peut-être la seule commande pacifique faite à l'établissement par l'État durant la période impériale. Soit que ces fournitures fussent peu rémunératrices, soit que le mélange du minerai local, qui ne pouvait être employé seul, avec des fontes étrangères, ait été trop onéreux, un déficit chronique eut bientôt fait disparaître le capital, remplacé par un passif qui croissait à chaque exercice. Lorsqu'en 1818 la société Perrier, qui cherchait depuis dix ans à liquider, eut enfin trouvé un acquéreur en la personne de M. Chagot, elle avait pour son compte englouti 14 millions au Creusot.

M. Chagot, à son tour, quoiqu'il n'eût payé les forges que 900 000 francs et qu'il possédât comme industriel une compétence attestée par la création des mines de Blanzy et du Montceau, auxquelles son nom demeure attaché, ne réussit pas davantage. Le travail ne manquait pas; la fonderie fournit notamment sous cette direction les tuyaux pour le gaz de Paris et la machine de Marly; mais la concurrence anglaise écrasait ses prix, et la constituait en perte. Pourtant une société d'outre-Manche, à laquelle elle passa la main en 1826, ne fut pas plus heureuse. Conduite par MM. Manby et Wilson — ce dernier père du député du même nom, gendre de M. Grévy, — elle ranima d'abord le Creusot par ses procédés plus économiques et plus expéditifs de fabrication. Puis les débouchés manquèrent et finalement, comblée de médailles et de récompenses par diverses expositions, après avoir mangé 11 millions de francs, elle faisait faillite. Ce triple échec d'une entreprise, plus tard si fructueuse, n'est pas un fait isolé. Le duc de Raguse perdait à la même époque des sommes considérables dans les forges de Châtillon, et M. Aguado dans celles de Charenton près de Paris.

Le Creusot devenait, en 1836, la propriété de MM. Eugène et Adolphe Schneider. Le premier, jusque-là maître de forges dans les Ardennes, à Bazeilles, apportait les connaissances techniques; le second, totalement novice en industrie et qui, neuf ans plus tard, mourut prématurément d'une chute de cheval, avait obtenu à titre de commandite de la banque Seillière, où il était employé, une partie des 2 600 000 francs que coûtèrent les usines. « Notre tort, disait M. Eugène Schneider, à son retour d'un voyage en Angleteterre où il avait été étudier le moyen de se passer des Anglais, est d'avoir mis la théorie pure à la place de la pratique guidée par la théorie, et d'avoir trop pensé au système sans avoir assez pensé à la perfection d'exécution. »

Voici bientôt soixante ans que cette puissante dynastie des Schneider pense à « la perfection d'exécution ». Après le père, mort en 1875, le fils, M. Henri Schneider, longtemps associé à ses travaux; après le fils, le petit-fils, investi récemment sous la présidence effective de son père du titre et des fonctions de directeur. Que cette hérédité, avec son cortège de traditions, dont le Creusot offre l'image, ait été pour beaucoup dans la glorieuse carrière qu'il a parcourue, qui songerait à le nier? On n'en peut toutefois rien conclure, puisque c'est toujours par un hasard surprenant qu'il se rencontre en une famille deux ou trois hommes capables de se succéder dans un emploi aussi difficile; c'est à peine en général si l'homme le plus distingué par son génie peut se flatter que son héritier sache exercer avec honneur l'humble profession de rentier. Il serait désobligeant de citer, à ce propos, des noms que le lecteur a sur les lèvres.

Le Creusot est à présent parvenu au point de n'être plus égalé dans le monde que par deux ou trois établissements métallurgiques : Krupp en Allemagne, Bethlehem et André Carnegie aux

États-Unis. Il possède, pour son usage exclusif, 300 kilomètres de voies ferrées, 1 500 wagons, 30 locomotives; ce qui ne l'empêche pas de payer annuellement pour 9 millions de francs de transports à la Compagnie Paris-Lyon-Méditerranée. Ses machines peuvent développer une force totale de 15 000 chevaux-vapeur; la moyenne d'une forge française n'est que de 540. Aussi trouvons-nous ici réunis, dans des ateliers mitoyens, à peu près tous les grands travaux possibles en fer : matériel d'armement, de navigation, de mines et manufactures, constructions métalliques et appareils d'électricité.

Les décrire tous serait embrasser un tel morceau de l'industrie contemporaine qu'il y faudrait consacrer beaucoup plus que ces quelques pages. Suivons tout au moins les transformations principales de la matière Lorsque l'acier, au sortir du convertisseur, est coulé dans les lingotières, il commence aussitôt à se figer et apparaît, au bout de quelques minutes, sous l'aspect d'un lingot rouge encore. En cet état il n'a de solide que l'écorce; le centre du bloc demeure mou et même liquide. Si l'on prétendait le travailler immédiatement, cette écorce casserait, le métal en fusion jaillirait sous les presses, se perdrait, et causerait les plus graves accidents. On le laissait donc arriver à un refroidissement complet, puis, au moment de s'en servir, on le réchauffait à nouveau dans un four spécial. Depuis quelque temps on a trouvé moyen d'économiser la main-d'œuvre et le combustible exigé par cette manipulation, en invitant le lingot à récupérer lui-même sa chaleur sans aucuns frais.

Suivant l'application raisonnée d'un phénomène physique très simple — le même qui exige du feu pour faire de la glace, — on porte directement le lingot dans une boîte en briques hermétiquement close. La température ne tarde pas à s'égaliser dans la masse, entre le milieu et les parois. Le dégagement de chaleur, produit par le métal liquide qui se refroidit, suffit à relever assez le degré de l'atmosphère pour que l'acier, qui était entré noir, en sorte rouge et désormais dur, au dedans comme au dehors.

Le lingot est aussitôt conduit sous un premier laminoir, qui l'amincit et l'allonge, le reçoit trapu et le rend svelte. Chaque passage entre ces rouleaux, qui l'avalent d'un côté et le vomissent de l'autre, lui fait perdre en épaisseur quelques centimètres, lui fait gagner quelques mètres en longueur. L'allée qui règne au milieu de la salle est sillonnée ainsi par de longs serpents de feu, qui glissent ou s'élancent en s'effilant, pour revenir brusquement sur eux-mêmes, happés de nouveau par la machine inexorable, surveillés par une ligne d'ouvriers armés de pinces, attentifs à remettre dans le droit chemin ceux qui par hasard s'en écarteraient. Et le mouvement de va-et-vient continue jusqu'à ce que, réduites à la dimension et au profil voulu, des cisailles mécaniques morcellent de place en place ces barres flexibles, qui vont aller grossir les tas voisins.

Si le spectacle de la traînée rapide des rails, des poutrelles à plancher, est saisissant, celui de l'éclosion du fil de fer est d'une grâce suprême : projeté par les lèvres du laminoir, il semble se jouer capricieusement dans l'espace, décrit des courbes folles, trace des arabesques incandescentes, infiniment variées, enfin s'enroule à terre, lassé, avec de jolis mouvements d'étoffe qui s'affaisse. Ce fil rouge est traître pourtant, et les ouvriers ne le perdent pas de vue un instant. S'il venait, dans son trajet d'un appareil à l'autre, à sauter pardessus le piquet de sûreté qui le maintient à distance, il couperait en deux le malheureux pris entre lui et la machine, comme un fil de chanvre coupe une motte de beurre. Aussi ce genre de travail, qui paraît très simple, exige-t-il au contraire un apprentissage très long, où réussissent seuls ceux qui l'ont commencé presque enfants.

L'acier fabriqué par le procédé Bessemer convient parfaitement à ces divers usages. Pour les tôles — depuis les feuilles aussi minces que du papier jusqu'aux plaques de 2 et 3 centimètres d'épaisseur; — pour le matériel de guerre; pour la confection des machines; et en général pour tous les objets dont la valeur se compose de main-d'œuvre autant ou plus que de matière, on emploie l'acier Martin-Siemens. Il se fabrique au Creusot une égale quantité de l'un et de l'autre. Avec le système Bessemer on ne peut essayer le métal avant la coulée, pour y faire, s'il y a lieu, les corrections nécessaires. L'opérateur n'a qu'un moyen d'action : l'air atmosphérique qu'il insuffle en quantité et avec une pression variable. Avec le procédé Martin, il possède en outre la faculté de cuisiner son mélange à sa guise. Il y introduit, en proportion plus ou moins forte, soit du gaz comburant, soit de l'oxygène, représenté par des vieilles ferrailles et des rognures produisant de l'oxyde de fer, soit du carbone sous la forme de fonte très carburée.

Il est bon de remarquer ici que les divisions traditionnelles, représentées par ces mots : fer et acier, sont en train de disparaître. Il n'existe plus guère, à vrai parler, ni acier, ni fer; mais seulement des composés diversement carburés, le fer contenant moins de carbone que la fonte, l'acier en ayant davantage que le fer. Et cependant, malgré les progrès de la science, il est un élément imparfaitement connu encore dans la fabrication de l'acier Martin, c'est la proportion du carbone qui se perd, par rapport à celui qui agit efficacement. On n'a là-dessus que des données empiriques! Dans ce pot-au-feu métallurgique, qui bout à une température portée par l'invention de Siemens à environ 2 000 degrés centigrades, il faut puiser, de temps à autre, une cuillerée de la sauce infernale et la goûter... avec les yeux, pour s'assurer que les condiments utiles y existent dans la mesure désirable. Cette fusion minutieuse de l'acier Martin explique que les 20 tonnes de ce métal, obtenues toutes les dix heures dans chacun des fours, reviennent au maître de forges à 40 pour 100 plus cher que l'acier Bessemer.

Ce qui vient d'être dit sur la limite indécise qui sépare le fer de l'acier justifie l'existence des sept catégories de fer qui sortent du Creusot, depuis le *résistant* jusqu'au *nerveux* et à l'*aciéré*. Tous sont produits par agglutination, non par fusion comme les aciers. C'est même cette différence d'origine qui peut maintenir encore quelque démarcation entre l'acier et le fer : l'un pouvant se comparer à une boule de glace, l'autre à une boule de neige comprimée. Les fours à *puddler*, d'un mot anglais qui signifie masser ou pétrir, servent à cette compression. Ils sont divisés en deux compartiments : dans l'un commence l'opération par le réchauffage de la fonte; dans l'autre elle s'achève par le malaxage. Une cloison double, dite « petit-hôtel », sépare ces fournaises mitoyennes, et, pour que les parois de terre réfractaire ne brûlent pas, on fait passer perpétuellement dans ces couloirs de l'eau qui entre froide et ressort chaude, quand elle ressort. Une partie se vaporise en route. Il se perd chaque jour dans l'usine quatre millions de litres, que l'on ne retrouve pas. Heureusement l'eau ne manque pas au Creusot : à elle seule la Saint-Laurent, pompe d'épuisement de la mine qui a coûté 2 millions de francs, enlève 1 000 litres par coup de piston à 400 mètres de profondeur.

La charge d'un four à puddler est de 220 kilos de fonte, qui rendront environ 195 kilos de fer. Au moment où cette fonte commence à devenir pâteuse, le puddleur, armé d'une espèce de crochet appelé *râble* ou *ringard*, l'agite sans trêve, pour en exposer toutes les parties au feu, qui la dépouillera de son carbone. Son expérience est telle qu'il juge la chaleur à l'œil. Quoique à peine vêtu, il est bientôt couvert de sueur : un aide le remplace. Les ouvriers ici doivent être jeunes et vigoureux; ce sont d'ailleurs les mieux payés de l'usine. Ils gagnent en moyenne 10 francs par jour, mais ils les gagnent bien. Le puddlage est, de toutes les besognes, la plus pénible : on a tenté de la faire mécaniquement, et l'on se sert en effet de fours où le ringard est mis en mouvement par des engrenages. Mais la machine travaille en ce cas spécial moins bien que l'homme, et ce procédé ne convient qu'aux fers de seconde qualité.

Après vingt-cinq ou trente minutes d'un brassage énergique, le puddleur, courbé vers la porte du four, rassemble les grumeaux de fer à mesure qu'ils apparaissent, pour confectionner la *loupe*, sorte de bloc qu'il saisit avec des tenailles et jette sur un chariot. Portée aussitôt sous un marteau-pilon, cette masse informe commence à prendre tournure, obéissant ainsi que du mastic à la pression répétée, au *cinglage*, comme on l'appelle, des 4 000 kilos de cet instrument. La boule laisse échapper de son sein 10 à 15 pour 100 d'impuretés qu'elle contenait encore. Ce déchet jaillit en paillettes de feu, si abondantes et si dangereuses que les ouvriers se doivent protéger contre elles par une véritable armure : brassards de tôle et masque de laiton.

De ces aciers, de ces fers maintenant achevés, d'autres parties de l'usine vont s'emparer tour à tour pour leur donner une destination définitive : les uns vont modestement devenir rivets ou boulons, bandages de roues ou ressorts de sommiers élastiques; les autres seront locomotives, navires, ponts suspendus, machines à toutes fins et de toutes forces, au service de l'énergie moderne. Ils seront aussi machines-outils, servant à fabriquer d'autres machines, échelon initial de la hiérarchie d'esclaves métalliques, constituée par les 40 000 moteurs français qui fournissent ensemble un travail équivalent à celui de 30 millions d'hommes.

Ces aciers et ces fers ne seront pas tous employés aux arts de la paix. La guerre prélève sur eux sa dîme stérile et choisit pour sa part les plus beaux morceaux. Elle en tire ses canons, elle en fait les cuirasses de ses vaisseaux ou de ses forteresses. Jadis, au temps où les princes engageaient des salariés pour se battre en leur nom les uns contre les autres, certaines provinces, certains pays où poussaient les meilleurs soldats et les moins chers, obtenaient la vogue. Il s'y établissait de beaux marchés d'hommes de guerre ; on y achetait à son choix des reîtres ou des « gens de pied ». L'Allemagne fut ainsi, au XVIe siècle, la place de recrutement de la chrétienté. Avec le service obligatoire et gratuit, la chair à canon ne coûte plus rien aux États modernes, mais les canons leur coûtent bien davantage ; et, si les individus ne sont plus blindés en face de l'ennemi, ce sont aujourd'hui les bâtiments militaires, sur terre et sur l'eau, qui portent des armures défensives. De là une industrie nouvelle... Nous sommes ici chez un des grands fournisseurs de l'artillerie internationale. Le Creusot possède une des brillantes clientèles belliqueuses du globe ; je vois fraterniser dans ses ateliers tout ce qui sert à envoyer des coups ou à les parer, à attaquer ou à se défendre : une coupole marine de 40 centimètres d'épaisseur pour le gouvernement roumain, des pièces analogues pour le Chili, des canons de 9 mètres pour le Japon, d'autres plus loin pour la Chine. Seulement le manufacturier, en livrant les engins aux belligérants, n'y peut joindre une notice sur la manière de s'en servir, comme font les marchands de jouets. La plupart des Orientaux ne possèdent que des notions encore sommaires sur la mécanique. Dans les bureaux de dessin du Creusot, où travaillent 100 ingénieurs, il est de maxime courante qu'une pièce dessinée est une pièce faite ; tellement la théorie en est précise, tellement les ouvriers sont rompus à son exécution pratique. Mais, lorsqu'il s'agit de commandes chinoises ou même japonaises, il faut, pour les délégués de ces pays, peu familiers avec la lecture du dessin, dresser au préalable des plans en relief.

Lorsqu'on parcourt ces chantiers, où l'extrême minutie des instruments s'allie à la toute-puissance, on ne peut s'empêcher d'éprouver quelque tristesse en songeant à l'injustice avec laquelle des accusations légèrement portées sont parfois accueillies par l'opinion irréfléchie du public. On se souvient que la carène en tôle de certains torpilleurs sortis du Creusot et mouillés depuis quelques mois dans le port de Toulon, ayant été reconnue piquée et défectueuse, la tribune et la presse imputèrent ces avaries à un vice de construction. Ce vice paraissait difficile à admettre pour qui connaît les prescriptions très strictes imposées par l'administration, et dont un ingénieur du ministère résidant à l'usine, avec un personnel spécial, est chargé de surveiller l'application. L'État du reste ne manque pas d'examiner avec une sage lenteur les marchandises qui lui sont destinées, puisque la machine du *Magenta* est restée quatre ans et celle du *Courbet* sept ans dans les ateliers, complètement finie, prête à être livrée. Dans l'affaire des torpilleurs il fut démontré, après enquête approfondie, que les précautions étudiées *d'après le port de Cherbourg*, avaient été, non seulement inefficaces, mais nuisibles dans le port de Toulon, pour des coques de bateaux amarrés en un bassin où se jettent les égouts de la ville et où l'eau corrosive agit d'autant plus efficacement sur le fer qu'elle n'est pas renouvelée par la marée.

Pour établir et manœuvrer des objets de dimension et de poids tels qu'un canon de 15 mètres de long, pesant 120 000 kilos, on devine quel outillage est nécessaire. Il y a quelques années, le matériel destiné à l'artillerie a été doublé ; il va l'être encore. Chacun se rappelle, pour l'avoir vu à l'Exposition de 1878, le fac-similé du marteau-pilon de 100 tonnes. Un marteau pesant 100 000 kilos, tombant d'une hauteur de 5 mètres, c'est-à-dire ayant une force de choc de 600 000 kilos et représentant, avec son enclume et son bâti, un ensemble de près de 1 300 tonnes de métal, semblait, il y a seize ans, devoir donner des coups suffisants : il paraît que non, puisque M. Schneider, en vue de changer les conditions du forgeage, va porter à 125 tonnes cet outil, qui présentement n'a que trois rivaux dans le monde et qui bientôt n'en aura plus.

Le marteau de 100 tonnes est déjà dépassé par sa voisine, la grue roulante de 150 tonnes, mue par l'électricité, qui soulève et transporte en se jouant des fardeaux invraisemblables. Il semble enfin bien peu de chose devant les presses hydrauliques de 2 000 et 4 000 tonnes — 4 millions de kilos — chargées de l'étirage et du cintrage des grosses pièces. La perfection, la vigueur de ces outils ne garantissent pas toujours des échecs : il faut souvent fondre les canons deux ou trois fois avant de les réussir. Une plaque de blindage vendue 2 fr. 50 le kilo paraît bien payée lorsqu'on multiplie ce chiffre par les 30 000 kilos qu'elle pèse, ce qui en porte la valeur à 75 000 francs : quand on envisage les détails et les déboires de la confection de ces boucliers contemporains, leur prix n'a plus de quoi étonner.

Avant de se laisser modeler au gré de l'homme, ces formidables morceaux d'acier doivent être réchauffés dans un four à gaz, durant 40 heures de suite, à une température de 1 500 à 1 800 degrés. Lorsqu'on les croit finis, une simple fente les rend parfois inutilisables; ils sont mis au rebut comme « bocage », bon à casser et à refondre pour des emplois vulgaires.

J'ai vu traiter sous mes yeux une de ces plaques, dans laquelle le contremaître avait remarqué une bouffissure légère, produite par du gaz emprisonné sous la surface. On abattit les briques du four, on en sortit le bloc, dont la chaleur rayonnante nous étouffait à vingt mètres de là. On recouvrit sa surface de nombreuses housses en tôle, pour en pouvoir approcher, ne laissant visible qu'une étroite place où était le siège du mal. Puis trente hommes armés de tiges de fer et se relayant — les mêmes ne pouvaient tenir plus d'une demi-minute — se ruaient sur cette masse de toutes leurs forces, fouillant sa petite plaie, creusant afin d'arracher la paille ou le grain d'acier moins bon qui s'y était indûment logé. Cette interruption d'une heure allait occasionner peut-être un supplément de frais de 500 ou 600 francs pour cet objet. Mais aussi c'est au prix de pareils efforts, de pareils scrupules, que le Creusot, quand il mène ses produits concourir dans les polygones, a la douce satisfaction de leur voir décerner partout le premier rang.

Ces travaux n'exigent pas moins de délicatesse que de force : les outils si variés des ateliers de construction ont beau accomplir avec conscience la besogne dont on les charge, ils ne sauraient se passer de la direction soutenue d'ouvriers très experts. C'est le cas des machines à forer, à raboter, aléser, cintrer, etc. Le découpage des tôles se fait à tout petits coups successifs ; le *fraisage* obtient, avec un mouvement rotatif, une usure artificielle et imperceptible. Il ne faut pas moins de quinze jours pour percer un arbre de marine de 9 à 10 mètres de long ; les grandeurs, dans cette tournerie, sont effrayantes de précision, mesurées au *centième de millimètre* avec la « roue Palmer », instrument qui sert à apprécier les dimensions microscopiques. La tolérance accordée, en plus ou en moins, n'excède pas 4 ou 5 « centièmes de millimètre ». Le moulage, pour les objets destinés à être fondus dans ces fosses énormes qui semblent des cathédrales renversées, demande des soins analogues. Tantôt il faut se servir de sable réfractaire, tantôt d'un composé d'argile, de charbon, d'étoupe et de crottin de cheval. Dans ce dernier moulage, suivant la nature de la terre employée, blanche, rouge ou grise, l'ouvrier doit calculer d'avance l'écart exact, variant de 5 à 15 millimètres par mètre, que prendront à la coulée ces matières différentes, écart nécessaire pour permettre l'échappement des gaz.

IV

Dividendes et Salaires.

La consommation du fer n'augmente plus autant que la production. — Bénéfices du Creusot. — Efforts constamment nécessaires. — Ateliers en perte. — Améliorations égales au triple du capital. — Peuple « s'engraissant des sueurs » du bailleur de fonds. — 265 francs de profit moyen, dans les mines, par tête d'ouvrier. — Le type du bon patron. — Douleur de n'avoir qu'un dîner par jour.

Une étude de la métallurgie actuelle serait trop incomplète si l'on négligeait d'envisager, à côté des progrès matériels, la situation économique de ceux qui s'adonnent à cette industrie comme capitalistes et comme travailleurs.

Pour les premiers, avouons-le d'abord, s'ouvre un avenir immédiat peu encourageant. Il se fonde des usines nouvelles, la production tend à augmenter sensiblement. Cependant la consommation reste et doit rester assez stationnaire d'ici quelque temps. Les chemins de fer, ainsi que la grande machinerie, sont en majorité construits. La fabrication des rails et des locomotives a disparu dans plusieurs usines. D'autre part l'exportation a beaucoup décru. Sur une production totale de 150 000 tonnes, le Creusot n'en exporte pas plus de 10 000 : divers pays traversent une crise financière; d'autres, où nous trouvions des débouchés fructueux, ont appris à s'outiller eux-mêmes, comme la Russie ou les États-Unis. Ils ne sont plus nos clients; bientôt sans doute ils seront nos rivaux. Or les commandes de l'étranger avaient absorbé jusqu'ici une portion notable de notre activité : la compagnie de Fives-Lille, par exemple, qui ne fabrique pas le fer et se borne à le mettre en œuvre, mais qui occupe le premier rang dans sa spécialité, a, depuis sa fondation en 1861, exécuté des charpentes et des ponts métalliques pesant ensemble 181 millions de kilos. Là-dessus il n'y a pas eu plus de 81 millions pour la France; tout le reste a passé la frontière. Ces sources de richesses sont menacées de tarir.

Mais laissons l'avenir; voyons le présent et le passé le plus proche : un certain nombre de forges sont très prospères, les unes parce qu'elles ont eu la bonne fortune d'exploiter quelque temps un monopole — c'est le cas des usines de l'Est, — les autres parce qu'elles ont eu *depuis une date reculée* une direction à la fois audacieuse et économe. Le Creusot est de ce nombre; c'est uniquement à ce facteur qu'il doit son succès. Créée au capital de 4 millions en 1837, la société « Schneider et compagnie » a été portée par des versements successifs, de 1847 à 1873, à 27 millions divisés en 75 000 actions, dont la valeur originelle est de 360 francs. Ces actions sont aujourd'hui cotées, à la Bourse de Lyon, aux environs de 2000 francs, et ont touché, pour leurs derniers exercices, un dividende de 96 francs nets.

L'acheteur primitif reçoit donc aujourd'hui un intérêt de 26 pour 100 de sa mise, mais il ne le reçoit que depuis fort peu de temps et il n'est nullement certain qu'il le conserve toujours. Jusqu'en 1891, le revenu de l'action ne dépassait pas 80 francs; avant 1880, il n'atteignait en moyenne que 50 francs, et pendant les quinze années qui suivirent la fondation, il fut des plus modestes. En 1848, la situation était encore très périlleuse. Si l'on considère le Creusot *depuis son origine* en soudant aux 27 millions de la compagnie actuelle les 30 millions qui avaient été risqués et perdus par trois couches de capitalistes malheureux, le bénéfice global de l'entreprise devient moitié moindre. Il s'agit pourtant du plus gros succès connu, d'une société dont le président est traité dans la presse, à la mode américaine, de « roi du fer ». Ce dividende, il ne nous est pas permis de l'analyser, d'en faire connaître la substance. Mais si l'on décomposait les éléments qui, en face d'un chiffre de ventes d'environ 55 millions de francs, constituent le profit de 8 millions obtenu l'an dernier, on verrait qu'elle somme d'efforts il représente. Ainsi une partie de cette somme provient d'intérêts pris à propos dans des forges éloignées qui ont joui depuis quelque temps d'une situation exceptionnelle mais transitoire.

Ces grandes exploitations, si solidement assises que le public se les figure volontiers garnies d'un revenu naturel à chaque automne, comme aux rosiers chaque printemps poussent des roses, ne subsistent au contraire que par l'ingéniosité constante de ceux qui les dirigent. Quelque magnifique que soit la rémunération de ceux-ci, elle n'est pas excessive. Lorsqu'ils prétendent mériter un salaire tout à fait hors de proportion avec celui de n'importe quels employés, ils ont raison : vénalement, leur prix n'est pas comparable. Les hommes qui ont été les chevilles ouvrières des principaux organismes de notre époque n'ont jamais été payés trop cher, parce que leur capacité a été extrêmement avantageuse à leur patrie.

Les différents services d'une usine métallurgique un peu compliquée, quoiqu'ils soient dotés, de même que les comptoirs des grands magasins, d'une autonomie parfaite, qu'ils s'achètent les uns aux autres leurs matières premières et se vendent leurs matières fabriquées — de sorte que la Forge est débitrice des Hauts Fourneaux et créancière de la Construction, — non seulement ne font pas tous fructifier également le capital qu'ils exigent, mais plusieurs ne procurent aucun revenu, et quelques ateliers se soldent en perte. Si l'on persiste à les maintenir, c'est que, pour renoncer à une fabrication, il faut être sûr qu'elle ne reprendra jamais. Le personnel exercé, l'entraînement, sont si onéreux à établir! Impossible de s'arrêter une heure! La transformation permanente de l'industrie du fer exige des renouvellements complets de matériel; il reste aujourd'hui très peu d'outillage ayant vingt ans de date. Il a été dépensé au Creusot, en améliorations, une somme égale au triple du fonds social. C'est uniquement à cette épargne que l'institution doit sa puissance, et de sa puissance seule elle tire son revenu. Si les premiers metteurs en œuvre s'étaient hâtés de jouir, il aurait fallu, pour agrandir l'affaire, augmenter le capital, et l'ensemble des souscripteurs n'aurait aujourd'hui qu'un très faible dividende.

C'est le cas de beaucoup d'établissements, parmi les mieux administrés, auxquels les circonstances premières n'ont pas été favorables. Qui voudra parcourir les annuaires de la Chambre des agents de change de Paris et de Lyon, où sont consignés le revenu et la valeur des principaux titres métallurgiques depuis un quart de siècle, apercevra les actionnaires dans une posture peu enviable. On y voit des aciéries, comme celles de Denain et Anzin, qui marchent depuis quarante ans sans avoir distribué un centime. Celle de Trignac (Loire-Inférieure), où la grève a fait quelque bruit il y a deux ans, a déboursé 32 millions, et, après quinze ans de luttes pendant lesquelles elle a payé 31 millions de salaires, sans que le capital eût produit aucun intérêt, a renoncé au fer, qui la mettait en perte.

On peut regarder comme normale la répartition de 6 pour 100 du capital versé... par les compagnies qui répartissent quelque chose; le revenu moyen des sommes engagées dans la métallurgie est bien plus bas, attendu que beaucoup de compagnies ne répartissent rien du tout. Il en est ici comme pour l'extraction de la houille où, en regard de 174 mines en gain, figurent 123 mines en perte. Ces faits sont importants à connaître : « l'odieux capital », qui passe pour un richard sans entrailles, n'est souvent qu'un mendiant auquel personne ne s'intéresse. Loin qu'il « s'engraisse des sueurs du peuple », selon la métaphore hardiment banale, c'est souvent le peuple qui « s'engraisse des sueurs » du bailleur de fonds; puisque l'ouvrier touche un salaire, dont il peut économiser et placer une partie, pendant que les économies antérieures du capitaliste sont jour à jour dissipées par l'usine. Sait-on quelle est, d'après une statistique officielle, la situation exacte de l'industrie minière française, dans son ensemble? En compensant les gains et les pertes, le bénéfice net annuel ressort *à 265 francs par ouvrier occupé*. De sorte que, si toutes les mines de fer et autres — sauf les houillères — étaient purement confisquées demain par l'État collectiviste, sans aucune indemnité pour les propriétaires; si le même État, par droit de conquête, s'emparait aussi du matériel; s'il n'en résultait aucune perturbation sociale susceptible de paralyser l'exploitation; si la discipline demeurait aussi rigoureuse, la gestion aussi prudente, l'initiative aussi éveillée; en supposant tout ce qui précède, et en admettant des salaires et des frais généraux identiques, chaque ouvrier toucherait 265 francs en plus de ce qu'il reçoit aujourd'hui dans cette industrie.

Quoiqu'il n'ait pas été fait de calcul analogue pour la métallurgie proprement dite, je ne crois pas téméraire d'avancer que la situation doit y être à peu près semblable, avec cette différence que le salaire moyen est plus élevé, parce que la proportion des femmes employées est moindre qu'ailleurs. Au Creusot, où la main-d'œuvre absorbe 18 millions de francs, la part de chaque ouvrier est de 1400 francs en moyenne, et, si l'on défalque les apprentis, de 1500 francs, auxquels se joint la somme consacrée par la direction aux œuvres philanthropiques (retraites, logements, etc.), formant une dépense de 136 francs par tête.

La plupart des travaux se faisant à la tâche, l'ouvrier est payé suivant son mérite. Les individus débutent dans l'état d'égalité où la nature nous fait naître : diversement pourvus d'intelligence et de vigueur physique. Le personnel se classe lui-même par une sélection automatique. Au sortir de l'école primaire les enfants entrent à l'école spéciale fondée par M. Schneider. Le rêve d'une instruction intégrale donnée, ou du moins offerte, à l'universalité des citoyens est réalisé dans cette ruche industrielle. Il n'est si petit ouvrier qui n'ait suivi des cours assez complets pour devenir ingénieur. Aussi plusieurs le deviennent-ils et dirigent des services voisins de ceux où leurs pères sont employés comme simples compagnons. Le plus grand nombre des fonctions les mieux rétribuées de la manufacture est ainsi réservé aux « enfants de la balle ». Le Creusotin n'émigre guère — 99 pour 100 des ouvriers sont du pays : — de même on immigre peu chez lui.

M. Schneider n'est pas trop fâché, j'imagine, de cet isolement. C'est une intéressante et très noble figure que celle de ce personnage bienfaisant et autoritaire, monarque absolu, aussi pénétré de ses devoirs qu'il est attaché à ses droits. Pour lui, la solution du problème social est tout entière dans l'encyclique du Saint-Père : *De conditione opificum*. Il n'hésite pas à dire qu'il y a bien des mauvais patrons et à montrer en quoi ils sont mauvais. Le « bon patron », homme tellement juste que les ouvriers ont pris en sa justice une entière confiance, cherchant à satisfaire leurs besoins, à soulager leurs misères, s'occupant de leur avancement intellectuel et moral, voilà le type qu'Henri Schneider s'est proposé pour modèle, voilà le modèle qu'il est lui-même.

Sa famille le seconde dans cette œuvre ; un détail piquant le montrera. La métallurgie offre peu d'ouvrage aux femmes ; beaucoup ne trouveraient pas dans la localité, surtout depuis que la dentelle en est disparue, le supplément de ressources nécessaires à leur ménage. Mme Henri Schneider s'est mise en quête d'un autre travail ; elle a acclimaté la confection des tricots et, se constituant la mandataire de ces épouses, mères ou filles d'ouvriers, elle ne craint pas d'aller vendre périodiquement, dans un ou deux centres commerciaux, au mieux des intérêts que sa situation la met à même de défendre, les produits dont tous ces braves gens l'ont chargée. Que ces procédés de père de famille aient acquis l'amitié de son personnel à ce patron qui, l'an dernier, faisait cadeau à la ville d'un hospice de 2 millions, on en a plusieurs preuves : peu d'agglomérations usinières sont aussi paisibles ; 4000 ouvriers sur 12 000 — le tiers de l'effectif — comptaient, en 1889, plus de 20 ans de services ; 1500 étaient occupés depuis plus de trente années. Cette stabilité n'a rien de la résignation de l'homme qui « broute » là où le sort l'attache.

Vienne le scrutin, il est peu de députés nommés à moins de frais que M. Schneider, quoique sa politique ne doive guère être, semble-t-il, celle de ses électeurs.

Il est donc des cas où la concorde peut être maintenue entre l'employeur et l'employé, où la tête et le bras ne se font pas la guerre. Les bras peuvent se convaincre ici de la capacité des têtes; tout ingénieur sortant de l'école est astreint à un stage de six mois comme ouvrier. Le fils de l'ingénieur en chef, sorti le 17e de l'École centrale, a débuté manœuvre aux fours d'acier. D'un autre côté, le travail manuel prend hautement conscience de son mérite, de sa dignité. Nous sommes dans le chantier de montage, là où huit hommes en quinze jours bâtissent une locomotive. Onze heures sonnent, c'est le moment du déjeuner. Les marteaux s'arrêtent de frapper ; le silence s'établit en un clin d'œil. Chaque ouvrier dépouille ses vêtements d'atelier, les enferme dans son placard, savonne méticuleusement ses mains et sort, en costume presque soigné; c'est un gentleman. C'est à tout le moins un « infâme bourgeois ».

Bourgeois de naissance, ouvrez-lui vos rangs, mais ne vous flattez pas que, le jour où tous les ouvriers seront ainsi entrés dans la bourgeoisie, les luttes de classes cesseront. Oui, le niveau s'élève et s'élèvera; le nivellement cependant ne s'opérera pas; or le malheur d'un grand nombre consistera toujours uniquement dans la vue du bonheur extrême de quelques-uns. Ce n'est rien d'avoir de quoi dîner une fois chaque jour, s'il existe des privilégiés à qui leur fortune permet de dîner cent fois par vingt-quatre heures!

CHAPITRE III

LES MAGASINS D'ALIMENTATION

I

La nourriture moderne.

La nourriture est la grosse dépense des petits budgets. — Son importance minime chez les riches. — Augmentation des quantités et amélioration de la qualité depuis cinquante ans. — Le pain blanc; le pain noir. — *Milsoudiers* et prolétaires. — Nombreuses sophistications des siècles passés : lait baptisé, fausse viande, faux beurre. — Autres fraudes anciennes; chapeaux *demi-castors*. — Appellations conventionnelles d'aujourd'hui ne sont pas des fraudes. — Confitures de fantaisie. — Sur 100 francs d'aliments à Paris, 30 francs pour le fisc. — Nourriture taxée, habits exempts.

La nourriture est la grosse dépense des petits budgets. Elle absorbe environ les trois cinquièmes des ressources dans les foyers où l'on a pour vivre moins de 2500 francs par an, c'est-à-dire dans quatre familles françaises sur cinq.

Plus est faible le total des recettes du ménage ouvrier, comparées à ses charges, au nombre des estomacs à satisfaire chaque jour, plus on voit enfler la part proportionnelle du chapitre comestible. Ce chapitre au contraire, à mesure que l'on s'élève parmi les couches aisées ou riches de la population, tient de moins en moins de place, quoique l'alimentation devienne alors de plus en plus variée ou luxueuse. Au lieu d'employer à se nourrir 60 pour 100 de son salaire ou de son revenu, comme la masse des travailleurs et des petits propriétaires, le bourgeois qui possède 10 000 livres de rente ne consacre à cet objet que 35 à 40 pour 100 de sa dépense. Quant à l'individu favorisé qui jouit de 20 000, de 50 000 ou de 100 000 francs de revenu, sa table, y compris celle de ses domestiques, représente à peine une somme égale à 25, 20 et même 15 pour 100 de l'ensemble des frais. « Manger sa fortune », suivant l'expression admise, n'est donc, pour cette dernière catégorie de particuliers, qu'un terme tout à fait métaphorique; pour eux la hausse ou la baisse des denrées sont de médiocre importance. Il n'en est pas de même de la grande majorité de la nation; le prix de la vie l'affecte profondément. Par suite les découvertes qui ont multiplié la production, les conceptions commerciales qui facilitent la circulation des aliments influent directement sur le bien-être du plus grand nombre d'entre nous.

Il est très vrai qu'on se blase sur les jouissances comme sur les privations; mais si le temps émousse l'acuité des unes et des autres, si l'habitude de mourir de faim peut devenir à la longue une seconde nature, il est à propos de reconnaître que le genre humain n'a nul goût pour cette extrémité, à en juger par le développement spontané de la consommation depuis un demi-siècle : de 1840 à 1895, la quantité de vin et de pommes de terre, annuellement absorbée *par chacun de nos concitoyens*, a augmenté de moitié; celle de la viande, de la bière et du cidre a doublé; celle de l'alcool a triplé; celle du sucre et du café a quadruplé.

Je laisse ici de côté l'extension du froment, qui mériterait une étude spéciale à elle seule, et je me borne à noter que, dans les derniers cinquante ans, la consommation du blé a passé de 2 à 3 hectolitres par tête. Ce n'est pas que la consommation du pain se soit élevée dans une mesure correspondante, mais les anciens pains d'avoine, de sarrasin, de seigle même ont disparu. Personne désormais ne doit craindre, en « mangeant son pain blanc le premier », d'être réduit plus tard au « pain noir de l'adversité ». Quelle que soit l'adversité qui frappe un Français de 1895, il lui serait impossible de trouver du pain noir dans sa patrie; on n'en fait plus. Nos indigents mangent le pur froment des princes de jadis. Aussi les figures du vieux langage, empruntées à cette céréale, perdent leur sens et disparaissent. Ce n'est plus signaler une qualité bien rare de dire de quelqu'un qu'il est « bon comme du bon pain ».

Non seulement les aliments de première nécessité sont aujourd'hui consommés en plus grand nombre, mais la liste de ceux dont nos pères se contentaient s'est singulièrement allongée. Un seigneur du XIVe siècle se fût-il estimé heureux de dîner comme un cocher de fiacre du XIXe? je l'ignore. En tout cas la variété extrême des choses qu'un simple prolétaire urbain ingurgite, pour quelques francs, dans l'espace d'un seul jour, eût frappé d'admiration les « milsoudiers » — ces millionnaires d'il y a trois cents ans, — qui avaient *mille sous* à dépenser quotidiennement, mais qui n'auraient pu se procurer à prix d'or ce dont la civilisation présente fait jouir à bon marché nos contemporains.

Charles VI se régalait avec des échaudés semblables à ceux qu'aujourd'hui les nourrices acceptent à peine. Les poissons, gibiers, légumes et fruits, desserts ou liqueurs, venus de partout, qui se rencontrent sur la table d'un modeste Parisien du temps actuel, ont été pour la plupart ou inconnus à nos prédécesseurs, ou d'un prix inabordable. L'hypocras, ce punch antique, analogue au saladier de vin chaud de nos cabarets, était à l'époque de Rabelais un luxe de richard; les figues et les dattes semblaient, aux yeux de Villon, une fine recherche de la gastronomie ; les oranges coûtaient à Paris, au moyen âge, deux fois plus cher que ne coûtent présentement les ananas. C'était, sous François Ier, un cadeau délicat de la duchesse de Vendôme que d'envoyer à la reine d'Espagne, en Flandre, des melons et des artichauts ; et, sous Louis XIV, Mme de Sévigné écrivait à sa fille : « Le chocolat vous remettrait, mais vous n'avez point de chocolatière. J'y ai pensé mille fois ; comment ferez-vous ? »

Presque tout le poisson que mangeait le vulgaire était sec ou salé, et constituait tel quel un aliment très coûteux. Cette douzaine d'huîtres qu'un maçon se fait servir chez le traiteur voisin de son chantier, il n'eût été le plus souvent au pouvoir de personne de se la procurer jadis, et l'ensemble de la marée que l'on vendait alors aux halles parisiennes était légèrement avancé. Le dauphin Humbert de Viennois — celui-là même qui légua ses États au roi de France — rédigeait d'avance ses menus en 1336 et portait, pour les jours maigres, des potages à l'oseille, des œufs et « du poisson, *si l'on en trouve...* » ; ce qui montre que, même pour un souverain, il ne s'en trouvait pas toujours. La viande était, il est vrai, beaucoup moins chère qu'en notre siècle, mais aussi beaucoup moins bonne. Il n'existait guère de bêtes grasses ; le système de la vaine pâture ne le permettait pas.

Le commerce des marchandises d'un usage courant et général n'était pas plus honnête que de nos jours. C'est une opinion très accréditée, mais assez fausse, de croire que la sophistication est d'origine moderne. Le public s'est fort scandalisé récemment d'apprendre que plusieurs poissons étaient maquillés par les vendeurs, que certains marchands, pour rendre aux ouïes la couleur vermeille, indice de la fraîcheur des sujets, les coloraient artificiellement à l'aide de cochenille. MM. Girard et Dupré, chef et sous-chef du laboratoire municipal, ont fait paraître un volume des mieux documentés où ils signalent les adultérations nombreuses que des industriels sans scrupule font subir aux denrées : on teint les cafés verts, on les alourdit par un trempage; on fabrique aussi de faux grains de café. Au café moulu on mélange des racines, des rhizomes, des graines de divers fruits, voire du marc déjà épuisé. On ne respecte pas davantage le thé, ni la chicorée à son tour qui, employée pourtant à simuler le café, ne trouve pas grâce devant des sous-falsificateurs, habiles à l'additionner de produits inférieurs encore.

Mais ces tromperies sur la qualité et la quantité ont été de tous les temps. Le nôtre à cet égard n'est ni meilleur ni pire. Il ne doit pas être justifié, il ne saurait non plus être accusé isolément. De ce que, notre police étant mieux faite, on découvre et l'on poursuit plus de crimes aujourd'hui qu'autrefois, il ne faut pas par cela seul conclure qu'il y en a davantage. Ne doutons pas que, s'il avait existé un laboratoire municipal il y a un siècle ou deux, ses chefs n'eussent eu de la besogne.

On verra, dans l'un des chapitres qui suivent, les pratiques fallacieuses dont les vins, depuis une antiquité reculée, ont été victimes [1]. Il serait aisé de signaler, pour la plupart des marchandises, des tricheries analogues, plus rudimentaires — telles que les comportait la grossièreté de l'époque — mais aussi blâmables. On fraudait les épices au XIVe siècle; on mêlait aux confitures, — denrée fort coûteuse — de l'amidon, de la farine et « diverses mauvaises matières ». On baptisait le lait à Paris, sous Charles V; on l'écrémait par les mêmes procédés qu'à l'heure actuelle; le lait « non esbeurré » faisait déjà prime sur le marché. Il n'est pas rare, sous Louis XIII, de rencontrer des sentences du lieutenant civil contre les bouchers qui, « par une malice affectée, tuent des chats et, après les avoir écorchés, les déguisent et habillent en forme d'agneaux, et ainsi les exposent en vente ». Quoiqu'ils soient condamnés à l'amende et à aller en cérémonie jeter ces chats dans la Seine, par-dessus le pont de bois du Châtelet, les bouchers ne se font pas faute de récidiver. Sous

1. Voir le chapitre v, le *Travail des Vins*.

Louis XV, on empâtait le poivre pour augmenter le volume des grains; les épiciers surchargeaient d'une espèce de composition celui qu'ils faisaient venir de Hollande. Il se rencontrait des marchandes astucieuses qui vendaient pour du beurre de méchants fromages qu'elles avaient adroitement enduits de beurre sur toutes leurs faces. On mêlait au quinquina l'écorce d'un arbre quelconque qui en avait l'aspect, en prenait l'odeur, mais qui, bien que décoré du nom de « quinquina femelle », ne possédait aucune de ses propriétés. Les chasse-marée et vendeurs de poisson se livraient au « fourbaudage », consistant à garnir le fond des paniers de mauvais poissons, très différents de ceux qui figuraient à la surface.

Mêmes supercheries dans les diverses branches du commerce, et je prie le lecteur de croire que je n'en ai fait aucune recherche spéciale. A peine ai-je noté quelques-unes de celles qui me sont passées sous les yeux, pour les opposer aux détracteurs trop déterminés du présent : la cire était couramment droguée, au XVe siècle, avec une mixture de résine et de poix de Bourgogne. Plus tard les fabricants de chandelles y introduisaient de mauvaises graisses, des suifs calcinés et noirs qu'ils recouvraient de bon suif. Il y a cent ans la livre de bougie, au lieu de 490 grammes, était venue à n'en plus représenter que 420, parce qu'on la pesait avec deux enveloppes superposées de papier épais et très lourd. « Une tromperie et malversation commune à présent, disait-on sous Louis XIV, entre les marchands papetiers, fait qu'il est presque impossible de trouver en leurs boutiques des mains qui ne soient pas fourrées de papier coupé et de mauvaise pâte; outre que le nombre des feuilles ne se trouve jamais. » Pour les laines, le commerce de gros s'arrangeait de manière à les vendre encore humides et « sans avoir été lavées à fond ». Le chapelier faisait passer pour castor authentique des chapeaux — *demi-castor* — où il avait glissé de la laine de vigogne ou insinué du poil de lapin; et, quant à l'industrie des cuirs et peaux, Dindenaut nous apprend, dans le marché qu'il traite avec Panurge, que la peau de ses moutons de Sologne se transforme habituellement « en beaux maroquins du Levant ou tout au moins d'Espagne! »

Entre les produits imités qui se vendent de nos jours au détail sous des pseudonymes, et que l'on classe avec quelque rigueur parmi les falsifications, il est nombre de denrées secondaires, établies à très bas prix par le fabricant, grâce aux matières premières plus modestes substituées à celles dont, théoriquement, ces denrées devraient se composer. Personne n'est dupe des *appellations conventionnelles* que ces marchandises conservent sur leurs étiquettes, puisqu'elles coûtent parfois la moitié ou le quart des produits garantis. Lorsque ce bon marché est obtenu sans danger pour l'hygiène ou la santé nationale, non seulement ces innovations ne méritent aucune critique, mais elles constituent un progrès véritable.

Par exemple, comme on ne parviendra pas de sitôt sans doute à enfanter chimiquement de l'huile d'olive ou du vieux cognac dans les laboratoires, et que la quantité restreinte de ces liquides les maintient à un taux inabordable pour les classes populaires, c'est un résultat très appréciable que d'avoir mis à la portée des petites bourses les huiles de coton ou des alcools de maïs qui, judicieusement préparés, rappellent plus ou moins la saveur de ceux qu'ils ont pour modèles. C'est par un procédé analogue que, dans les textiles, on est parvenu, d'abord en surchargeant les filés de soie à la teinture afin d'en accroître le volume, puis, plus habilement, en employant le coton au tissage de la plupart des soieries, à démocratiser ces étoffes pour la plus grande satisfaction de beaucoup de gens qui, précédemment, n'y pouvaient aspirer. Il existe dans certaines fabriques spéciales ce que l'on nomme des « confitures de fantaisie » à base de lichen ou « colle du Japon », mélangée à une dissolution de glucose. Elles sont teintées de nuances différentes et aromatisées avec des essences artificielles ou des conserves de fruits, de façon à imiter les parfums de la groseille, de la prune ou de la fraise ; le potiron y tient la place de l'abricot. On croira sans peine qu'il ne le vaut pas; mais aussi le prix est inférieur des deux tiers à celui des confitures exclusivement composées de sucre et de fruits frais. Ces dernières ne se vendent jamais moins de 1 fr. 20 le kilogramme; les autres sont cédées pour 0 fr. 40, et le débit en est si considérable que le raisiné artificiel se chiffre à lui seul par une expédition annuelle de 600 000 kilogrammes, dont la plus grosse part destinée à la Bretagne.

La clientèle de tous ces similaires inférieurs est en général trop peu à l'aise pour payer le prix au-dessous duquel ne sauraient descendre les denrées d'une qualité authentique. S'il lui plaît, à défaut de réalité, de se contenter d'une ombre, n'y aurait-il pas cruauté à la tirer de l'erreur qui lui est chère? Il entre, ne l'oublions pas, dans nos joies et dans nos douleurs, une grande part d'imagination.

Un moyen sûr et philanthropique d'améliorer les consommations généralement usitées consisterait à les rendre moins onéreuses en supprimant tout ou partie des impôts indirects dont elles sont accablées. On peut considérer qu'à Paris et dans les grands centres, où existent de gros octrois, les taxes combinées de l'État et de la ville représentent en moyenne *le tiers de la valeur vénale* des produits alimentaires. Sur une dépense de 100 francs faite par la population parisienne pour sa nourriture (à l'exception du pain et de la viande), il y a 30 francs à peu près pour le fisc. Cette proportion est bien plus forte sur le sucre, le café, le chocolat, le vin et les spiritueux. Sur le sel elle est de 80 pour 100. Le kilogramme de sel gris se vend dans les salines du Midi ou de l'Ouest moins de 2 centimes; mais l'État le frappe d'un droit de 10 centimes et la ville de Paris d'un octroi de 6 centimes. Ajoutez 1 centime et demi pour le transport; le négociant de la capitale qui vend le sel quatre sous gagne un peu moins d'un demi-centime. « Ce qui sert et entretient la vie, disait dans une adresse au Ministre des finances, un représentant notable du commerce alimentaire, se divise en deux catégories : la consommation interne (nourriture) et la consommation externe (vêtements). A la première, l'État demande jusqu'ici presque tous les revenus qui lui sont nécessaires, tandis que la seconde demeure indemne. » L'une supporte à peu près tout, l'autre à peu près rien. Le pétitionnaire concluait à ce qu'il fût établi un droit modéré par 100 kilogrammes d'étoffe à l'entrée des villes ou à la sortie des fabriques comme il est perçu un droit d'accise par 100 litres de vin. Le principe en lui-même n'a rien d'injuste. Il est toutefois improbable que l'assiette des contributions soit remaniée en ce sens, ni que les impôts indirects sur la « consommation interne » soient de longtemps supprimés ou adoucis. Le commerce et l'industrie ne doivent donc compter que sur leurs propres forces pour obtenir un bon marché relatif, en économisant sur l'achat ou la manufacture des denrées, sur leur transport ou leur distribution, sur cette quantité de frais accessoires que l'on appelle avec raison des « faux frais »; frais parasites qui s'accrochent aux marchandises et les renchérissent sans les améliorer.

Les procédés mis en usage pour atteindre le but proposé, assez semblables à ceux que les magasins de nouveauté ont employés dans le vêtement et l'ameublement, et qui ont été décrits plus haut, en diffèrent sur un point notable : les novateurs, dans l'alimentation, fabriquent eux-mêmes la plupart des objets de leur négoce, et concentrent en une seule main, sous une direction unique, le rôle de producteur et celui de marchand.

II

Les épiceries Potin.

Commerce des vivres naguère sévèrement réglementé. — Épiciers et apothicaires-épiciers. — Aimez-vous la muscade? — M. Bonnerot. — Les « égouttures d'huile ». — Inauguration de la « gâche ». — Félix Potin, clerc de notaire. — Ses débuts rue Neuve-Coquenard. — Vingt mille francs de capital. — Son projet favori : il devient fabricant. — Une belle-mère modèle. — Pas d'argenterie. — Potin pendant le siège de Paris. — La queue du boulevard Sébastopol. — Les héritiers. — Quarante-cinq millions d'affaires. — Bonbons anonymes. — Système de contrôle. — L' « esprit nouveau » de l'épicerie. — Essaimage en province. — Exportation naissante.

Quoique la nation dépense pour se nourrir quatre fois plus que pour se vêtir ou se meubler, et que par suite l'importance des grands magasins alimentaires dût être beaucoup plus grande que celle des grands magasins de nouveautés, leur chiffre d'affaires est jusqu'à présent beaucoup moindre. Le plus notable d'entre eux, la maison Potin, ne dépasse pas encore 45 millions de francs de vente annuelle, tandis que le *Bon Marché* arrive déjà à 150 millions. A cela plusieurs causes : les besoins de la table sont journaliers ; chacun, pour s'approvionner en peu de temps, doit s'adresser au détaillant le plus proche, quitte à payer plus cher. La plupart des denrées de première nécessité, telles que le pain, la viande ou le poisson frais, ne sont susceptibles ni de conservation, ni de réexpédition à longue distance par petites quantités. Elles sont d'ailleurs à moindre prix dans les campagnes ou les petites villes que dans les centres populeux. Or ces trois articles réunis constituent, en argent, plus de la moitié de la nourriture totale. Enfin les magasins d'alimentation sont bien plus récents que les magasins de nouveautés. Les seconds ont sur les premiers près de quarante ans d'avance. Les uns sont au début de leur carrière, les autres sont voisins de leur apogée. L'évolution s'est opérée, d'ailleurs, de façon analogue dans l'une et l'autre branche du trafic, par l'élargissement d'un métier qui a débordé sur ses voisins : la mercerie d'un côté, l'épicerie de l'autre. Cette évolution, maudite par les petits intermédiaires, est la rançon naturelle de la liberté du commerce.

On oublie trop aujourd'hui que, sous l'ancien régime, l'autorité ne se bornait pas à réglementer le nombre et les attributions des marchands, mais qu'elle légiférait sur le mode de vente et sur le prix des marchandises. Pour maintenir les rapports directs entre producteurs et consommateurs, il était interdit à tous revendeurs, maîtres d'hôtel et acheteurs de gros d'entrer dans les marchés avant dix ou onze heures du matin. Il leur était également défendu d'aller acquérir « aucunes subsistances » aux portes des villes et dans la campagne, au préjudice des particuliers. Les paysans d'un certain rayon étaient tenus de leur côté, à peine de confiscation, d'apporter leurs denrées et d'amener leurs bestiaux à certains marchés déterminés. On ne s'en tenait pas là : tantôt les municipalités fixaient le prix de la viande, du beurre et de la plupart des aliments; tantôt elles passaient un contrat avec un ou plusieurs bouchers à qui elles concédaient *un monopole*, à la condition qu'ils vendraient chaque espèce de viande à des taux convenus. Même régime pour les boissons. Or ce régime n'était pas excellent, bien au contraire. Les *maxima* étaient arbitraires, fort difficiles à établir, les débats toujours très épineux. Jusqu'à la révolution de 1789 on se disputa à Strasbourg pour la taxe de la bière; les brasseurs et l'administration ne parvenant pas à se mettre d'accord sur le rendement en liquide d'un sac de malt.

L'intérêt du public était néanmoins sauvegardé par cette intervention permanente des pouvoirs officiels, qui limitait la marge de bénéfices des marchands, en se fondant uniquement sur leur prix de revient, et sans se préoccuper de savoir si leurs clientèles respectives suffiraient à payer leurs frais généraux et à leur assurer de quoi vivre. Le système, très supérieur en soi, de la liberté commerciale, amena la pullulation des intermédiaires, laquelle à son tour eut pour résultat l'exagération des prix de détail, contre laquelle tout le monde aujourd'hui proteste. Le correctif naturel de cet état de choses devait être la concentration des ventes, permettant l'abaissement des prix.

Jusqu'à nos jours et depuis un temps immémorial subsistaient côte à côte deux corps distincts, vendant à peu près les mêmes choses : les apothicaires-épiciers et les épiciers tout court. Ces derniers tenaient en première ligne les épices : safran, girofle, cannelle, muscade, dont nos ancêtres longtemps raffolèrent.

> Aimez-vous la muscade? On en a mis partout,

n'eût pas été une raillerie au moyen âge, où les riches faisaient de ces condiments une consommation effroyable. L'épicier vendait aussi la plupart des confiseries, parmi lesquelles, au temps de Boileau, les *conserves de roses violes,* le sucre rosat, le *pied-de-chat*, le *pas-d'âne*, les dragées, le pignolat et le jus de réglisse. Il leur était enfin loisible de débiter les produits pharmaceutiques dits étrangers, tels que le mithridate, l'*alkermès,* l'hyacinthe et la thériaque; mais à condition de les faire visiter au préalable par le bureau des « apothicaires-épiciers ».

Ce sont les successeurs de ces mêmes épiciers qui vendent aujourd'hui le sucre, l'huile et le vinaigre, les chocolats, cafés, thés, pâtes et riz, le poisson sec et salé, les conserves de fruits, de viande et de légumes, les œufs et les fromages, les vins et les liqueurs, la volaille et le gibier, sans parler des huiles, pétroles ou essences d'éclairage, et dont on peut dire, depuis que les principaux d'entre eux ont abordé la viande, les fruits et les légumes frais, qu'ils embrassent, à l'exception du pain, la totalité de l'alimentation.

La révolution commença vers 1840, dans une boutique du Gros-Caillou où M. Bonnerot, âgé aujourd'hui de quatre-vingt-dix ans et modestement retiré à la campagne, fut l'initiateur de l'épicerie moderne. L'ancienne était alors, il faut bien l'avouer, un commerce absolument malhonnête dont peu de gens ont gardé le souvenir. On fraudait beaucoup sur la quantité de tous les articles, grâce à la connivence des domestiques dont la gratification du « sou pour livre » n'était pas le seul profit illicite. En ce temps-là les pains de sucre ne pesaient jamais leur poids et l'huile à brûler était le sujet d'opérations machiavéliques : à la servante qui venait chercher 10 kilos d'huile dans un bidon on n'en livrait communément que 8. Celle-ci fermait les yeux et, à son tour, rapportait ledit bidon à remplir lorsqu'il contenait encore environ 2 kilos, qu'elle revendait pour son compte personnel à l'épicier, mais à moitié prix seulement, parce que, lui disait-on, « ce fond de vase ne pouvait être considéré que comme une égoutture ». Si bien que le bourgeois payait 10 kilos et n'en brûlait réellement que 6 ou 7. M. Bonnerot imagina de livrer exactement ce qu'il facturait et de vendre à très petit bénéfice. Ce fut le principe de la « gâche », ainsi nommée parce que les autres épiciers, furieux, traitèrent ce faux frère de gâcheur du métier et son système de gâchage des prix. La « gâche » obtint un succès rapide. Le public voyait un libérateur dans cet homme qui, de sa seule autorité, réduisait si audacieusement des chiffres auxquels on s'était depuis longtemps résigné. Le magasin nouveau offrait l'aspect d'un perpétuel déballage au milieu d'un désordre singulier. Aucun luxe, aucun confortable, ni pour le personnel qui prenait ses repas debout, sur des caisses vides en guise de tables — il n'y avait pas de chaises, — ni pour le client entre les mains de qui les objets étaient remis, enveloppés à peine, mal conditionnés souvent et parfois de qualité assez médiocre.

C'était le défaut de ce réformateur imparfait. M. Bonnerot, disait un de ses anciens commis devenu plus riche que le patron, « n'avait pas le sentiment de la bonne marchandise ». Il se laissait prendre à l'appât du bon marché. Au contraire, son émule, M. Potin, plus tard son continuateur, répétait sans cesse : « De la bonne marchandise d'abord, le bon marché après ». Félix Potin, fils d'un petit cultivateur d'Arpajon (Seine-et-Oise), qui rêvait de faire de son héritier un notaire, avait vingt-quatre ans lorsqu'il s'établit à Paris en 1844, après avoir lâché les inventaires et le papier timbré de l'étude provinciale, dans laquelle il languissait depuis sa seizième année. Une vocation irrésistible le poussait vers l'épicerie; métier d'ailleurs aussi ridicule sous Louis-Philippe que l'avait été la « nouveauté », lors des « calicots » de la Restauration. Le bon sens public a de ces divinations.

Potin avait, comme Bonnerot, l'idée de chercher le succès dans la réduction des prix de vente, mais sans prétendre restreindre tout d'abord les prix d'achat. Ce qu'il sacrifia ce fut son profit commercial, fidèle au programme qu'il s'était tracé : « Des affaires avant tout, le bénéfice viendra ensuite ». Petit et mince, il avait l'air si jeune lorsqu'il se présenta pour louer sa première boutique, rue Neuve-Coquenard, que son propriétaire ne consentit qu'avec peine à l'agréer. Il inspira plus de confiance, quelque temps après, à un fondeur de la rue des Gravilliers qui lui donna sa fille en mariage. Chacun des deux conjoints apportait en ménage une dizaine de mille francs. C'était bien peu, semblait-il, pour les visées ambitieuses du mari; mais le besoin d'un grand fonds de roulement ne se faisait pas sentir. Tout au plus l'épicier d'alors fabriquait-il lui-même sa chandelle; pour tout le reste, il renouvelait presque au jour le jour son assortiment dans le quartier des Lombards, chez les droguistes, marchands de gros et de demi-gros, qui florissaient en ce temps, et auxquels les rouliers, messagers et diligences apportaient seuls des stocks. Le jeune Potin, qui faisait ses achats en personne pour éviter l'intermédiaire onéreux des courtiers, revendait presque au prix coûtant. Pendant six ans il usa de ce système, gagna fort peu, mais se fit beaucoup connaître. Si bien qu'en 1850, plein de confiance dans l'avenir, il osait prendre rue du Rocher la suite d'une épicerie plus importante. Elle avait pour maître ce M. Bonnerot dont il vient d'être parlé, qui avait émigré sur la rive droite, et elle était baptisée par le public du nom d' « Association », — peut-être parce que l'éclatant uniforme porté par les garçons lui donnait un caractère semi-administratif.

Dès la première année, le nouveau propriétaire arriva au chiffre de 3000 francs d'affaires par jour. La création des chemins de fer favorisant les relations avec le dehors, il s'appliqua à introduire les articles étrangers, inconnus ou peu usités en France, partant très coûteux jusque-là. Il aborda ensuite son projet favori, devenu la clef de voûte du nouveau commerce, consistant à se faire lui-même fabricant afin de pouvoir vendre à meilleur compte des produits meilleurs. Il commença par le chocolat : pendant sept ans, dans un hangar situé au fond de sa cour où il avait installé un embryon de manufacture, il fit manœuvrer en personne sa broyeuse à cacao. Ce laborieux avait une idée très haute de sa profession : « Pour se rendre compte de la substance intime et de la confection de ses innombrables marchandises, il faudrait, disait-il, que l'épicier fût cuisinier, il faudrait qu'il fût chimiste ». Et il s'efforçait de le devenir, ayant l'œil partout, absorbé, infatigable, ignorant tout plaisir, indifférent aux satisfactions de l'aisance. M. et Mme Potin couchèrent assez longtemps dans une soupente, rue du Rocher, au-dessus de leurs magasins. Plus tard, bien qu'il eût fondé en 1859 une succursale boulevard Sébastopol, au loyer de 20 000 francs, et qu'il eût jeté à la Villette, sur des terrains maraîchers, les premières bases de son usine, Potin différait d'année en année, faute de fonds, l'achat de l'argenterie nécessaire à son ménage.

Plus il allait, plus ses affaires grandissaient, plus il était gêné. Chez cet homme qui avait débuté sans capitaux, qui n'eut ni banquiers ni commanditaires, les ambitions dépassaient toujours les ressources. Bien souvent Mme Potin, qui tenait la caisse, dut monter en hâte à son mari la recette du matin pour faire face aux échéances de l'après-midi. Un soir, la belle-mère du patron, Mme Menet, le sachant mal à l'aise, et n'osant lui offrir un prêt que sa fierté eût repoussé, arriva chez lui avec un gros portefeuille sous le bras, et, le prenant à part : « Dis donc, Félix, voici 100 000 francs que j'ai réalisés ; prends-les, sinon le père les perdra ; depuis quelque temps j'ai remarqué qu'il jouait à la Bourse ». Or « le père », l'ancien fondeur, dont on augurait si mal, était d'accord avec sa femme pour la perpétration de ce stratagème et avait consenti de bonne grâce à passer, aux yeux de son gendre, pour un spéculateur enragé.

L'extension constante du commerce engloutissait, au fur et à mesure qu'elles se produisaient, les économies provenant des bénéfices. Et ces bénéfices n'étaient nullement proportionnés aux ventes, puisque tout le système reposait sur un gain médiocre, et que plusieurs articles, cédés à prix d'achat, se soldaient effectivement en perte. Lorsque son entourage lui faisait ressortir ces pertes et s'en effrayait, le maître s'emportait ; il trouvait des mots épiques : « Laissez, laissez, disait-il, pourvu que je gagne la bataille, je ne compte pas les morts ! » Les « morts », c'était le sucre, l'huile, le café, tout ce qui attire et maintient la foule.

Cet homme qui entendait si largement les affaires, et qui avait peiné toute sa jeunesse uniquement, semblait-il, pour gagner de l'argent, n'était nullement cupide. Il en donna la preuve dans une période de véritable grandeur. En 1870, au lendemain de la capitulation de Sedan, lorsque les Allemands s'avançaient sur Paris dont l'investissement n'était plus qu'une question d'heures, un bon nombre de commerçants aperçurent aussitôt l'occasion de faire un coup fructueux, en spéculant sur la hausse certaine des denrées. Dès la fin de septembre il se trouva des négociants qui offrirent à Potin de lui payer, en gros, ses stocks de marchandises le double de ce qu'il les vendait au détail. Non seulement celui-ci refusa, mais, pour être sûr que ses produits seraient livrés directement à la consommation, et pour en faire profiter le plus grand nombre possible de personnes, il établit dans ses magasins une sorte de rationnement. Chaque client qui se présentait ne pouvait exiger qu'une quantité strictement limitée de ces diverses denrées, dont le prix n'avait pas été majoré d'un centime.

Curieux spectacle que celui de cette foule stationnant avec patience aux portes de l'épicerie, dans l'espoir d'obtenir une boîte de petits pois, un morceau de gruyère ou une fraction de ce chocolat dont il était ainsi distribué soixante mille tablettes chaque jour. Jusqu'à deux ou trois heures de l'après-midi l'on servait, puis il fallait fermer les portes afin de préparer — avec le personnel restreint dont on disposait — les portions du jour suivant. Quand les employés sortaient du magasin, à huit heures du soir, ils trouvaient sur les bancs du boulevard Sébastopol des gens installés déjà, leur chaufferette sous les pieds, pour être les premiers à l'ouverture du lendemain. En effet la queue, qui commençait en rangs pressés à l'entrée principale, pour serpenter le long des rues Réaumur, Palestro, Grenéta, etc., était si longue que les derniers venus avaient toute chance de ne pas entrer.

Les 2 millions de francs de marchandises, qui furent ainsi péniblement émiettées, auraient été vendues avec beaucoup moins de tracas 5 ou 6 millions; le mépris d'une pareille différence semble assez peu ordinaire pour mériter quelque reconnaissance. Il n'en fut rien : égarée par des rivaux mécontents de la concurrence d'un confrère, qui continuait sa besogne de « gâche-métier », l'opinion parisienne accueillit un instant sur le compte de l'épicier Potin des calomnies ineptes. Il se trouva des journaux pour traiter d' « accapareur » ce serviteur de l'alimentation publique, et pour annoncer, comme tel, son incarcération à Mazas.

Le succès ultérieur l'eût vengé de ces attaques, mais ce succès il ne devait pas le voir. Parti un soir d'été de 1871 sur le haut d'un omnibus, suivant sa coutume, pour la petite maison de campagne qu'il possédait à Champigny, et qui constituait sa seule fortune en dehors de ses magasins, Félix Potin mourut subitement dans la nuit. Il n'avait que cinquante et un ans. Sa veuve restait seule avec quatre enfants mineurs et une fille mariée à M. Labbé, entré dans la maison comme simple garçon, élevé peu à peu aux emplois supérieurs, dont le patron avait fait son gendre.

Cette histoire de la maison Potin offre le tableau intéressant de l'ascension d'une grande famille commerciale au XIXe siècle, et fournit un édifiant contraste avec certaines études sociales, volontiers pessimistes, que la littérature met sans cesse sous nos yeux. Mme Potin, désorientée, songeait à se retirer; M. Labbé, qui eût pu racheter le fonds à bon compte, l'en dissuada. Il offrit de diriger les affaires, au nom et comme fondé de pouvoir de sa belle-mère, à titre de premier commis, sans accepter aucune participation aux bénéfices. Il doit donc être regardé comme le second fondateur de l'entreprise. Quelques années après, la deuxième, puis la troisième fille du défunt épousèrent à leur tour deux employés principaux de la maison qui, l'un et l'autre, y avaient débuté tout jeunes par les tâches les plus modestes. Ces trois gendres, patriarcalement unis aux deux fils de M. Potin, sont aujourd'hui administrateurs en commun de cette organisation modèle, dont ils se partagent la propriété. Sous leur impulsion le total des ventes n'a cessé de grandir. Il était de 6 millions de francs en 1869; il était passé à 18 millions en 1880, à 30 millions en 1887; il atteint présentement 45 millions de francs. Ce chiffre comprend à peu près pour 16 millions les envois en province et à l'étranger; autant pour les livraisons qui se font à domicile à partir de 10 francs; le reste représente le détail des magasins. La vente, portant sur environ 2000 articles divers de consommation, est répartie dans les journées moyennes sur 20 000 achats — 30 000 en certaines saisons — faits en personne ou par correspondance, et destinés à une clientèle qui embrasse toutes les classes de la société.

A l'origine, le bon marché de ces produits constituait à leur encontre une sorte de tare vis-à-vis d'un grand nombre de gens. Un préjugé assez naïf, identifiant la qualité à la cherté, entretenait la défiance. Il eût fallu manquer totalement de respect humain pour oser avouer, dans un salon, que l'on se fournissait au rabais. Le populaire, chez qui la nécessité bannit la vergogne, forma seul le noyau primitif; puis le bourgeois s'enhardit; maintenant les riches à leur tour s'y portent. Cependant, par une discrétion calculée, certains articles demeurent anonymes. Potin signe rarement ses bonbons; peut-être leur ferait-il tort dans le monde en s'en reconnaissant l'auteur. Il se prête au contraire de bonne grâce aux velléités ambitieuses des clients, qui fréquemment lui apportent, pour les faire remplir, des sacs et des boîtes vides sur lesquels flamboient en lettres d'or les noms de fournisseurs en vogue.

La comptabilité, les écritures d'un débit aussi fractionné sont réduites à leur expression la plus sommaire. Quoique le nombre et le montant des vols soient incomparablement moindres que dans les grands bazars de nouveautés, il est presque impossible de prévenir tout à fait les petits larcins commis par le personnel ou concertés entre des garçons et des acheteurs. Sur un effectif de 2000 individus occupés soit dans les magasins, soit dans les usines, il y a toujours des brebis galeuses. Lors d'une fouille faite à l'improviste sur les ouvriers sortant de la fabrique de charcuterie, on découvrait, ces derniers mois, une poitrine de porc que l'un d'eux s'était indûment fourrée dans le dos, sous son gilet. Mais, comme dans la nouveauté, les frais nécessaires pour éviter ce léger coulage dépasseraient beaucoup le préjudice que la maison éprouve de ce chef. Les commis écrivent sur des fiches le montant détaillé de leurs ventes au fur et à mesure qu'ils les effectuent; ces fiches sont contrôlées séance tenante de plusieurs manières, mais les caissières ne portent en compte sur leurs livres que le total et non la substance de chacune d'elles. Le point capital était de réduire au minimum l'ensemble des frais généraux. On y réussit, puisqu'ils n'excèdent pas 5 pour 100, tandis que dans les épiceries moyennes, ils montent à 8 ou 10 pour 100 du chiffre d'affaires, et dans les minuscules à 12 ou 15 pour 100. Cependant le grand magasin entretient, pour le service de Paris et de la banlieue, une cavalerie de 250 chevaux et des voitures à proportion, qu'il fabrique et répare lui-même dans ses ateliers.

Ce n'est pas au reste par les affaires que la maison fait directement que s'exerce son action bienfaisante. Qu'est-ce que 45 millions, sur un ensemble de denrées dont la France consomme annuellement pour plus de quatre milliards et demi de francs, c'est-à-dire cent fois davantage? On ne voit pas que les petits commerçants aient lieu de se plaindre ni de crier au monopole. Il est aisé de s'en convaincre en passant en revue les principales marchandises : la plus notable des deux épiceries Potin (boulevards Sébastopol et Malesherbes) est le sucre : elles en vendent pour 6 millions; or les Français en mangent pour 400 millions. Ils boivent pour 900 millions de vins et Potin en vend pour 5 millions. Que sont les 4 millions et demi de chocolat débité par la maison qui nous occupe, auprès de telle fabrique comme celle des Menier, qui en expédie pour une somme huit fois supérieure; et ses quelques millions de café auprès des 300 millions de francs que peuvent valoir au minimum les 68 000 tonnes introduites chaque année sur notre sol? Mais si Potin, et avec lui nombre de grandes boutiques analogues qui ont sagement adopté son système et le pratiquent avec des succès divers, n'empêchent pas le petit commerçant de vendre, ils le forcent à vendre bon marché. Ils établissent dans le pays, au moyen de leurs catalogues partout répandus, un prix régulateur qui sert de base aux transactions de détail et ne comporte qu'une majoration modérée de la valeur d'achat. Voilà leur crime! et voilà, selon nous autres, pauvre bon public, leur titre à notre estime et à nos encouragements.

C'est ainsi que Potin a essaimé en province environ 160 maisons qui, sans dépendre directement de lui, tiennent une partie de ses marchandises et ont porté dans les villes les plus éloignées « l'esprit nouveau » des denrées alimentaires. A l'antipathie suscitée par ces gêneurs dans nos chefs-lieux de département et d'arrondissement, chez les rivaux qu'ils dérangent, nous pouvons mesurer leurs services. La bataille a été rude et la clientèle âprement disputée. Mais, pourvu que ces disciples restent fidèles à la doctrine de la maison parisienne, où la plupart d'entre eux ont travaillé comme garçons avant de s'établir, pourvu qu'ils vendent de bonnes choses à bon marché, leur victoire n'est qu'une question de temps.

Encouragée par les résultats obtenus en France, la grande épicerie aborde déjà l'exportation. Les colonies françaises lui ouvrent un débouché naturel. Grâce au système des drawbacks, heureusement adopté par le gouvernement, en vertu duquel les droits de douane sont remboursés aux exportateurs, il est possible à nos commerçants de lutter, sur le marché international, pour la vente de produits manufacturés à l'intérieur avec des matières premières venues de l'étranger; le chocolat par exemple. Il est souhaitable que les facilités offertes par l'administration soient encore étendues. Ainsi le café français est estimé dans bien des pays où cette denrée est l'objet de sophistications nombreuses; on s'accorde à reconnaître au nôtre des qualités précieuses : une torréfaction mieux faite, un mélange plus intelligent des espèces. Comme il supporte à l'état vert un droit d'entrée de 150 francs par 100 kilos, augmenté d'un quart par le brûlage, la réexpédition du café ne pourrait s'opérer que sous bénéfice d'une déduction de taxe qui, jusqu'à présent, n'est pas admise.

L'exportation, qui dans la maison Potin est encore en enfance — elle ne dépasse pas 1 million, — s'était, durant les premières années, soldée en perte. Il faut en effet, pour des aliments destinés à des contrées lointaines, à des climats très différents du nôtre, une fabrication et un conditionnement spéciaux. Le sucre doit être enfermé dans de solides boîtes en fer-blanc qui le mettent à l'abri des insectes et de l'humidité; les conserves sont l'objet, pour assurer leur bonne tenue dans les pays chauds, de précautions multiples. L'usine de la Villette disperse aujourd'hui ses caisses aux quatre points cardinaux : la Réunion, Port-au-Prince, la Nouvelle-Orléans, Santiago de Cuba, le Congo font des commandes journalières. Nos explorateurs, nos missionnaires, notre armée coloniale ont recours à ces envois de la métropole; nombre de colis, au moment de ma visite, étaient en partance pour Madagascar.

III

Les usines Potin.

Le secret du succès. — Pantin, la Villette, Épernay, Miramon. — Potin industriel travaille gratis pour Potin commerçant. — Vins et liqueurs. — Mystère de la chartreuse. — Parfumerie; eau de Cologne et *néroli*. — Sirops et gelées. — Ateliers hétéroclites, biscuiterie, confiserie; enrobage des amandes. — Féeries au blanc d'œuf. — Brouillard de sucre. — Disparition du sucre en pain. — Le cacao; son amour des greniers. — Broyage du chocolat. — Murailles de petits pois. — 700 000 boîtes de conserves. — Vrai et faux tapioca. — Goûts chinois et français en matière de thé. — Problème de la conservation des œufs. — Union de l'artisan et du marchand. — Bénéfice global infime. — Les hésitants et les audacieux de l'épicerie.

Le point capital, pour un magasin de nouveautés, est de n'avoir qu'un stock de marchandises relativement faible et de le renouveler sans cesse. C'est — on l'a vu — l'une des bases de l'organisation des grands bazars : ils font ainsi produire un intérêt renouvelé à l'argent qui traverse leur caisse, aux articles qui traversent leurs rayons, pendant que les petites maisons, où la vente est plus lente, immobilisent des fonds proportionnellement bien plus importants. Pour l'alimentation c'est le contraire : l'art de l'épicier modeste est de n'avoir que très peu de denrées à la fois. Il lui faut moins de place ainsi, partant un loyer moindre; il a peu de dettes et se procure des marchandises plus fraîches. Tel est le bon côté; le mauvais, c'est qu'achetant par portions minimes, à des marchands en gros, il paie tout fort cher, et qu'il lui est impossible de vendre à bas prix.

Avec le mécanisme nouveau, des stocks énormes sont nécessaires; il faut à Potin, en marche normale, près de 10 millions de fonds de roulement. Ses comptoirs de détail, seule partie de l'entreprise connue du public, ne sont qu'une façade. Cette façade s'appuie sur de vastes entrepôts et sur des usines complexes, qui sont tout le secret du succès; destinées qu'elles sont à ne pas produire de bénéfice direct, mais permettant au magasin de vendre à un prix beaucoup moindre, puisqu'il économise le gain du fabricant.

La maison Potin a successivement monté quatre de ces manufactures : à Épernay, elle brasse des raisins et prépare son vin de Champagne; à Miramon (Lot-et-Garonne), elle confectionne les pruneaux, dont elle écoule 900 000 kilos par an; à Pantin, des bâtiments spacieux, couvrant plus d'un hectare, ont succédé à l'affreuse petite boutique de la rue Sainte-Marguerite, où le fondateur avait primitivement établi son dépôt *extra muros*. A l'entrée se trouve le laboratoire de chimie pour le contrôle des matières premières; à gauche, les chais de vins ordinaires, dont il s'expédie 120 pièces par jour, qui proviennent en grande partie de propriétés possédées, à titre privé, par les membres de la famille Potin, en Tunisie, Algérie, Bordelais et dans le midi de la France. A droite, la distillerie : en des fûts de chêne verni sont rangés côte à côte liqueurs et sirops de toute essence et de tout nom.

Une seule manque, dont la composition est toujours inconnue : c'est la chartreuse. Ce siècle de publicité et d'indiscrétions n'a pu arracher leur secret aux moines. Chacun sait qu'ils emploient des eaux-de-vie de vin vieilles et supérieures : élément si important que, lors des ravages du phylloxera, désespérant de trouver des cognacs sincères, les chartreux organisèrent pour leur compte une bouillerie de vin en Algérie. — Un pareil soin serait superflu depuis que l'on a pu se procurer, en 1894, dans nos départements méridionaux, des armagnacs authentiques pour 60 francs l'hectolitre. — On sait de plus qu'il entre, dans la confection de la chartreuse, de l'hysope, de la camomille, diverses autres plantes; mais on ne pourrait dire en quelle proportion, et l'analyse ne le révèle pas. Aucune imitation n'atteint la perfection du modèle.

La recette des autres liqueurs étant à la portée de tout fabricant, il lui suffit, pour réussir, de soigner les « alcoolats », c'est-à-dire les infusions de fruits ou d'herbes qui communiquent la saveur et qui, préparées trois ou quatre années à l'avance, attendent leur tour dans les celliers. Les eaux-de-vie, logées plus loin, s'étagent depuis la « Grande-Champagne 1830 » à 30 francs la bouteille jusqu'à la « Marmande » (de fantaisie) à 1 fr. 75 le litre. Sur celle-ci le fisc prélève 1 fr. 20, à Paris; pour peu que le marchand, auquel il ne reste que 0, 55, se pique d'ajouter au « trois-six » souple et fin, coloré par du caramel, une petite quantité d'armagnac chargé de donner le bouquet au mélange, il risque de ne pas gagner un centime sur cette spécialité.

La parfumerie, installée dans un autre corps de bâtiment, offre une grande variété de travaux : ainsi l'eau de Cologne, filtrée devant nous, a pour base le *néroli*, dont le kilogramme pur coûte de 300 à 500 francs. Ce parfum n'est autre chose qu'une huile recueillie goutte à goutte, à la surface de l'eau de fleur d'oranger, pendant la distillation de cette dernière; ce qui explique comment les eaux de Cologne de basse qualité se trouvent sentir la fleur d'oranger, dont le néroli n'a pas été assez exactement séparé. Le kaléidoscope d'odeurs, venues depuis l'entrée dans l'usine chatouiller le nerf olfactif — âcreté tannique des fûts vides de vin rouge, arome entêtant des alambics en marche, — se déploie ici en un arc-en-ciel de senteurs douces ou fortes, simples ou composites, qui ont pour mission de s'assujettir notre odorat.

Il en va de même dans la section des sirops, dans celle des gelées et des confitures. Les jus destinés aux deux préparations ne se ressemblent nullement. Ils doivent être pour les sirops dépourvus de mucilage, de toute la partie charnue du fruit; sinon le liquide, trop épais, risquerait après cuisson de passer à l'état solide : on évite cet écueil et l'on obtient l'épuration désirable en faisant subir aux fruits, avant de les pressurer, une fermentation légère qui les dépouille. Aux confitures le « corps » est indispensable; la fermentation les priverait de cette saveur du fruit frais dont elles doivent se rapprocher le plus possible. Aussi se borne-t-on à conserver en vases clos les liquides extraits de la groseille, les prunes et abricots séparés de leurs noyaux, préalablement soumis à l'action de la vapeur. Moyennant cette précaution, on peut fabriquer des confitures toute l'année, au jour le jour, au lieu de les confectionner d'un bloc au moment de la maturation de chaque espèce; système qui avait le désavantage de livrer au public des produits durcis, recouverts d'une croûte de sucre. L'atelier de confitures, qui dispose d'appareils perfectionnés de cuisson dans le vide, est dirigé par un vétéran, médaillé du travail, qui compte dans la maison trente-deux années de services.

Il fait partie, à la Villette, d'une manufacture unique peut-être en son genre, par la multiplicité hétéroclite des comestibles fraternisant sous le même toit. D'un côté, la pâtisserie, la biscuiterie anglaise et française, avec leurs agencements de fours compliqués; la confiserie, où s'entassent les amandes *flots*, destinées à la confection des dragées, dont il se vend ici 100 000 kilos par an, un joli contingent de baptêmes. Non loin des bassines de cuivre où les amandes, enduites de gomme, subissent, par une rotation incessante, l'opération de l'*enrobage* dans une écorce de jus parfumé, travaillent les artistes de la partie, les sculpteurs en sucre et en chocolat. Leur chef modèle prestement des fleurs et des animaux, des arabesques et des personnages pour les œufs de Pâques ou les pièces montées; il reproduit, en de prestigieux bas-reliefs d'étalage, une scène de drame ou un ballet de féerie. Le tout, sans autres instruments que des cornets de papier, remplis de sucre lié au blanc d'œuf, dont il fait jaillir le contenu par la pression simple du pouce.

Nous voici arrivés à la *casserie* de sucre. Un nuage de poussière blanche nous enveloppe et nous aveugle. Le sucre poudre nos cheveux, neige sur nos habits, entre en nous par tous les pores. Nous en aspirons, nous en mangeons sans le vouloir. Pour ne pas emporter chaque soir, dans leur chignon, un dépôt de ce produit inoffensif mais sirupeux, les femmes, presque exclusivement employées ici, ont la tête emmitouflée de linges blancs. Un monte-charge à godets enlève un à un, au fur et à mesure du déchargement, les pains apportés par les voitures des raffineries. En quelques secondes le pain, au moyen de scies à vapeur, est divisé en rondelles circulaires ; ces rondelles, passant sous des couteaux mécaniques, prennent aussitôt la forme de longs rectangles ; ces rectangles à leur tour sont partagés, par un troisième appareil, en une quantité de ces cubes minces et réguliers que nous consommons. La vente du sucre en pain a presque totalement cessé : sur les 20 000 kilos que Potin vend chaque jour il n'est pas livré, en pains, plus de quatre à cinq cents kilos. Les établissements publics, puis les particuliers, ont reconnu que la manipulation à domicile de ces cônes incommodes était désavantageuse.

Les raffineries elles-mêmes ont tiré parti de ce nouvel usage, en annexant à leur industrie principale cet accessoire de la *casserie* du sucre, qui leur procure des bénéfices très appréciables. Il est possible que, de son côté, la grande épicerie, dont le propre est la suppression des intermédiaires, se charge elle-même à bref délai du raffinage des sucres. Elle pourra ainsi réduire le prix au détail d'une somme fixe d'environ cinq centimes par kilo. Ce ne serait pas encore le sucre gratuit ou « presque gratuit » que promettait une réclame fameuse, mais ce serait un progrès. Par suite de ses rapports directs avec la clientèle, et aussi en raison du grand nombre de ses articles, elle n'aura pas à redouter une baisse concertée, de la part des gros spéculateurs qui dominent exclusivement cette marchandise, mais qui ne pourraient vendre longtemps, sans se ruiner, au-dessous du prix de revient.

Elle est déjà fort bien placée pour utiliser les déchets de sa casserie : et d'abord dans les sucres pulvérisés que des moulins spéciaux réduisent, suivant les goûts de l'acheteur, à un état plus ou moins grand de finesse, depuis la « semoule » jusqu'à la « glace », ou poudre impalpable. Elle peut aussi les employer dans la confiserie et la chocolaterie, puisque le chocolat se compose, à doses presque égales, de sucre et de cacao. L'usine ici fabrique 6 à 7000 kilos par jour de chocolats variés; sa vente annuelle a passé, depuis vingt ans, de 2 à 5 millions de francs. Le cacao, dont les principaux marchés sont aux Antilles, sur la « côte ferme » de l'Amérique centrale, au Brésil, à Java et à Ceylan, est uniformément frappé, à l'introduction en France, d'un droit de 104 francs par quintal; mais au lieu d'origine son prix varie, d'une année à l'autre, d'un quart ou d'un tiers, suivant la récolte; dans la même année, suivant la qualité, il va de 55 à 200 francs les cinquante kilos. Entre le planteur récoltant et le consommateur il n'est pas d'autre intermédiaire que le courtier, chargé des achats en bourse moyennant une légère commission. Le séjour des greniers, qui aigrit parfois les hommes, quoi qu'en ait dit Béranger, améliore les cacaos. On les y laisse vieillir. Au moment d'être utilisés, les grains sont soumis à des triages successifs à la main et à la machine, torréfiés ensuite — non comme les grains de café qui ne font qu'un court séjour en de petits moulins, — mais dans d'énormes cylindres où ils passent cinq à six heures. La cuisson leur enlève un cinquième de leur poids. On les concasse alors ; certaines parties du cacao, appelées « germes », sont tellement dures qu'il les faut traiter à part entre des meules exceptionnellement résistantes. Après la mouture s'opère, dans un malaxeur, le mélange avec la vanille et le sucre, dont les pelletées blanches disparaissent en quelques tours de roue sous la brune coloration du cacao. Les deux éléments commencent à se pénétrer; leur fusion intime s'opère sous la broyeuse, qui les brasse, les foule, les pétrit, jusqu'à ce qu'ils soient confondus en une même pâte. Cette pâte, après un traitement aussi violent, obtient quelques heures de repos. Jetés pêle-mêle sur de longues tables, en montagnes informes, ces amas de chocolat séjournent dans une étuve qu'un ouvrier aux trois quarts nu, ruisselant de sueur des pieds à la tête, maintient à la température de 60 degrés minimum. Lorsque la matière s'est assez *reprise*, assez étirée, sous l'influence de la chaleur, durant le travail latent qui s'est opéré entre ses molécules, on la dresse; les moules lui donnent sa forme définitive, et elle est admise dans la chambre de refroidissement.

Au sortir de la chocolaterie, changement de tableau : nous tombons dans la fabrique de conserves. Entre deux murailles de haricots et de petits pois, maçonnées de boîtes cylindriques qui lient le plancher au plafond et bornent de toutes parts cet horizon de légumes, nous arrivons à l'atelier où 6 à 700 000 récipients de fer-blanc sont annuellement remplis. Ici, une machine se charge d'écosser automatiquement les pois; là, des appareils ont pour mission de sertir à froid les couvercles métalliques — scellement rapide et perfectionné qui remplace l'ancien système des bouchons et des soudures; — plus loin, dans des chaudières autoclaves en forme d'armoires, se fait la cuisson en boîtes. D'autres vases en métal servent à contenir les extraits de viande, expédiés en gros barils de Russie ou d'Amérique.

Les manipulations se succèdent indéfiniment de salle en salle; les bocaux de verre, alignés, se remplissent de cornichons ou de pickles, amenés des sous-sols dans des fûts en bois. Des moulins traitent la graine de moutarde, épurée, puis lavée et tamisée. Selon que la farine demeure unie au son, ou en est exactement séparée, l'ouvrier donne à ce condiment une saveur tantôt douce, tantôt forte et suffisante pour tirer des larmes de l'œil le plus sec. D'autres moulins travaillent le tapioca — que l'Allemagne contrefait maintenant avec des fécules, — mais qui provient exclusivement, lorsqu'il est sincère, de la racine de manioc. Cette racine renferme, à l'état frais, un liquide assez vénéneux, paraît-il, dont on la purge par la dessiccation. Râpée ensuite, elle nous est expédiée par les Indes ou le Brésil. De la Nouvelle-Calédonie fut importé en France, mais pendant un ou deux ans seulement, le plus beau tapioca que l'on ait vu. Passé d'abord au four, ce produit est amené, par une succession d'engrenages, à une échelle graduée de grosseur.

A leur arrivée de Canton ou de Bombay, les thés, dont la maison débite 60 000 kilos par an, sont emmagasinés aux étages supérieurs, puis dosés délicatement au goût français, qui ne les supporterait pas isolément. Les Orientaux ne boivent que des thés *non composés*; aux palais européens l'infusion jaune pâle du pé-ko rappellerait trop une tasse de tilleul pour qu'ils en fassent le même cas que les Célestes.

Les modes d'achat, de préparation ou simplement de mise en œuvre ne sont pas aussi exactement connus pour toutes les denrées; la conservation des œufs, par exemple, est un problème dont la science alimentaire cherche encore la solution parfaite. D'une saison à l'autre le prix des œufs varie de 0 fr. 70 à 1 fr. 20 la douzaine. Le jour où l'on sera parvenu à maintenir, durant l'automne et l'hiver, la qualité des œufs pondus depuis le printemps — espérance qui n'a rien de chimérique; il s'est produit en ce siècle des découvertes plus extraordinaires, — le prix de cet aliment nutritif baissera, pendant la saison mauvaise, au profit des consommateurs urbains, et les producteurs ruraux seront à l'abri des pertes considérables que la gelée, la pourriture, diverses maladies, leur font subir sur les 300 millions d'œufs apportés chaque année aux Halles de Paris. On s'applique toujours plus ou moins aujourd'hui à rendre imperméable la coquille, naturellement poreuse et accessible aux influences extérieures : — on sait que les œufs, posés sur des fleurs, s'imprègnent de leur parfum ; ils font des omelettes à la rose ou au jasmin. — Dans une coquille imperméable l'œuf, sorte d'animal vivant, désormais privé d'air, s'étiole, meurt et se décompose. Les recherches de l'industrie ont pour but de lui laisser assez d'air pour vivre et pas assez pour se gâter.

Quoiqu'elles opèrent sur des articles offrant une grande insécurité, par suite des spéculations de bourse dont plusieurs sont l'objet quotidien, les grandes organisations alimentaires deviennent, par la modicité de leur bénéfice, les servantes presque gratuites du public; il ne leur reste même pas ce

« sou pour livre » dont leur entrée en scène a frustré les « gens de maison ». Le profit net de la maison Potin n'atteint pas 4 pour 100 du chiffre de ses affaires. Et ce profit semble plus minime encore si l'on songe qu'il rémunère les deux fonctions distinctes du commerçant et de l'industriel.

Cette concentration en une seule personne des deux métiers d'artisan et de marchand existait à l'époque déjà ancienne où chacun vendait ce qu'il fabriquait lui-même. On reconnut alors que beaucoup de choses étaient mieux faites et à meilleur marché dans des ateliers spécialisés, et par quantités notables. Ainsi se créa l'industrie moderne à gros capital, à grand outillage. Le dernier terme de l'évolution, que l'on commence à apercevoir, sera sans doute la réunion future de ceux qui furent longtemps séparés, sous l'aspect de fabrications colossales fondues avec des commerces géants. En utilisant mieux ainsi les forces et l'activité de l'homme, on procurera à tous une plus grande somme de bien-être pour la même somme de travail. C'est le progrès réel qui s'accomplit en silence, dans le monde des faits, à côté du progrès imaginaire que l'on poursuit bruyamment dans le monde des paroles.

C'est ainsi qu'à la masse besogneuse et parasite des petits boulangers se substitueront quelque jour un certain nombre de vastes usines à pain, associées à des minoteries puissantes — le fait déjà se produit à Paris, — et ces minotiers marchands de pain ne seront peut-être que les agents d'associations agricoles exploitant scientifiquement le sol. Le pain et la viande sont en effet les deux branches les plus arriérées du commerce de la nourriture. Sollicités par la clientèle de comprendre ces articles dans leur trafic, les bazars alimentaires hésitent, et leurs chefs à ce sujet sont assez divisés.

Parmi les héritiers de Félix Potin, les uns, les doyens, voient dans cette extension indéfinie une confusion regrettable, une sorte d'anarchie commerciale plus qu'une centralisation utile. Semblables à Boucicaut, qui n'accroissait le nombre de ses rayons que malgré lui, ils se désolent des empiétements successifs de leur maison, ne se résignent qu'en gémissant à ces créations qui les choquent, et ne grandissent en quelque sorte que contraints et forcés. Les autres, les jeunes, obéissant au mouvement contemporain qui les emporte, poursuivent la conception de l'approvisionnement universel, d'une halle de détail où le petit consommateur achètera tout au prix de gros. Ceux-là, forts de leur majorité — ils sont trois contre deux, — ont introduit dans les magasins la volaille, le gibier, certains légumes et la viande de boucherie. Le succès semble couronner leur tentative : 70 agneaux et 500 kilos de lapin furent vendus au début en un seul jour.

IV

La viande.

Charcuterie. — Usines à salaisons. — La maison Cléret. — Le saucisson de Lyon. — Légende de l'âne. — Le rôle du cheval. — Trois étages de caves frigorifiques. — Les détaillants. — Dépasser le carrosse du roi. — Un boucher pour deux boucheries. — *Chevillards*. — Échange des *filets* et des *palerons*. — Étaux de quartiers et facteurs *à la purée*.

Jusqu'ici la seule consommation animale qui eût fourni matière à une exploitation quelque peu développée était la charcuterie. Il existe à Paris une quarantaine d'usines à salaisons, dont chacune occupe en moyenne 50 ouvriers. Potin lui-même en a fondé une à la Villette pour son usage. La plus notable, appartenant à M. Cléret, a son siège avenue du Maine et fait 3 millions d'affaires par an. L'innovation, qui consiste à transformer le porc à la vapeur « en saucisses et en boudins », a eu pour conséquence une baisse sensible du prix de ces denrées : la même charcuterie qui coûtait

2 francs il y a quinze ans, coûte maintenant 1 fr. 25, quoique la matière première ait plutôt augmenté et se vende en gros 0 fr. 80 la livre.

Cette matière première est représentée ici par 6 ou 7000 kilos de viande de porc achetée chaque matin aux Halles. Elle arrive grillée déjà ou échaudée, et l'animal est tout d'abord découpé en une série de morceaux, dont le traitement variera suivant leurs multiples avatars : aristocratiques ou populaires, crus ou cuits, salés ou fumés, conservés dans la glace ou desséchés à l'air chaud. Cette moitié de cochon français, hollandais ou belge, dont les ouvriers s'emparent pour en tirer une poitrine, un jambon, un lard et un rein, ressortira de l'établissement, dans deux jours ou dans quatre mois, roulée en saucisson de Lyon, d'Arles, de Lorraine ou de Bretagne, hachée en andouille de Vire, de Troyes ou d'Arras, titrée en terrines de pâté ou de rillettes, enfilée en rubans de saucisses ou de cervelas dont la maison Cléret vend 1500 douzaines chaque jour, ou élevée au rang de jambon d'York, de Bayonne et de Mayence, selon la préparation qu'il aura subie, d'après les secrets antiques de chaque ville, connus aujourd'hui par tout le monde et oubliés parfois au lieu même de leur berceau.

Il est des produits qui accusent une perte : tel le saindoux, vendu 0 fr. 60 le kilo, le tiers à peu près de ce qu'a été payée la viande; il en est d'autres au contraire qui sont vendus 4 fr. 50 le kilo — le triple du prix d'achat, — comme le saucisson de Lyon. Celui-là est une quantité minime puisqu'il provient exclusivement de la noix du jambon. Réduite en purée sous les hachoirs, cette viande est ensuite malaxée durant vingt-cinq minutes dans un appareil à vapeur chargé de répartir exactement parmi la masse les petits carrés de lard, dont les tranches plus tard se trouveront diaprées sur nos raviers. On y verse en même temps un assaisonnement singulier qui se compose, outre le sel, le poivre et les épices, de sucre, d'huile d'olive, de rhum et de curaçao. La bouillie ainsi obtenue, et pourvue de ces divers ingrédients, est entonnée et foulée par un mécanisme voisin dans des boyaux de qualité supérieure — l'établissement en use pour 50 000 francs par an, — et le saucisson est terminé.

Mais il est loin d'être comestible encore. Des ouvriers embobinent ce rouleau humide et flasque dans un double corset de ficelle, vertical et horizontal, puis le saupoudrent de farine et le suspendent en des séchoirs chauffés, où il demeure trois mois au moins avant d'être mis dans le commerce. Les autres espèces de saucissons se vendent deux et trois fois moins cher que celui de Lyon; il en est, comme celui de Bretagne, qui doivent être cuits, et leurs prix dépendent de la qualité de la viande. Nul cependant n'est confectionné avec de l'âne, comme pourrait le faire croire une légende assez bien établie. La raison en est fort simple : la chair du petit nombre d'ânes disséminés sur le sol français reviendrait, si l'on s'avisait d'y avoir recours, à plus haut prix que celle du porc. Le cheval, au contraire, dont les meilleurs morceaux coûtent trois fois moins que ceux du cochon, est introduit à dose plus ou moins forte dans la charcuterie à bon marché, facturée avec cette indication cabalistique : « mél. ch. » — mélange cheval, — et qui se vend en gros 1 fr. 50 le kilogramme.

Au-dessous de l'établissement sont creusés trois étages de caves éclairées à la lumière électrique. Le long de leurs murs courent des tuyaux frigorifères reliés à une machine du système Raoul Pictet. Une température glaciale est ici nécessaire pour conserver, été comme hiver, les jambons et les poitrines empilés les uns sur les autres et baignant, au milieu de la saumure, dans des citernes de trois mètres de profondeur; de même il fallait une chaleur toujours égale aux penderies superposées de saucissons que nous avons parcourues tout à l'heure. Ce matériel perfectionné, cette fabrication économique, ne s'appliquent toutefois qu'à la seule espèce porcine, dont Paris consomme 25 millions de kilos, et non aux 160 millions de kilogrammes de bœuf, veau et mouton qui alimentent la capitale. Il n'existe pas encore en France de ces gigantesques boutiques carnassières à l'américaine, que

M. Brunetière appelait récemment, avec un mépris trop cruel, « d'ignobles usines à dépecer ». Me sera-t-il permis de plaider leur cause chez nous, où le nombre des bouchers va se multipliant sans cesse, tandis que leur bénéfice individuel diminue et que le prix de la viande en détail augmente?

Dans une *Enquête sur les prix de détail*, faite il y a huit ans déjà, M. de Foville a fort bien expliqué la cause de ce phénomène : « La concurrence, remarque-t-il, quand elle ne s'exerce qu'entre unités commerciales du même ordre, est loin d'avoir toute l'efficacité que les purs théoriciens lui attribuent d'ordinaire... » L'importance moyenne des clientèles diminuant, chaque vendeur doit tirer son bénéfice et le remboursement de ses frais d'un nombre d'acheteurs de plus en plus réduit, et la concurrence, loin de modérer l'essor des prix, les fait monter tous ensemble comme elle fait filer vers le ciel les arbres serrés les uns contre les autres dans une futaie trop épaisse.

A l'époque où le nombre des bouchers de Paris était limité, dans les dernières années de la Restauration, ils étaient devenus en général fort riches et en même temps si arrogants que l'un d'eux affecta, paraît-il, lors d'une cérémonie publique, « de dépasser le carrosse du roi ». Pour les punir on aurait, à la suite de ce scandale, aboli le monopole des bouchers et rendu la profession accessible au premier venu. La personne qui m'a conté ce détail, Mme A. Duval, l'une des gloires de la corporation, veuve du fondateur des bouillons, ne m'en a pas, du reste, garanti l'exactitude. Ce n'est peut-être qu'un souvenir historique des fiers étaliers de l'ancien régime. Quelle qu'ait été l'origine, politique ou économique, de la liberté des boucheries, elle donna tout d'abord de si mauvais résultats que le gouvernement, pour restreindre leur nombre, revint à un système mixte : vers 1850, pour avoir droit de s'établir, chaque boucher devait acheter deux maisons et en fermer une. On comptait ainsi faire disparaître peu à peu l'encombrement des petits étaux Pourtant il n'y avait alors à Paris que 801 bouchers; aujourd'hui il y en a 2110. La différence entre les prix des animaux sur pied et ceux de la viande au détail ne provient donc pas seulement de la baisse des peaux, des laines, du suif — valant naguère 1 franc, maintenant 0 fr. 40 le kilo, — de tous ces accessoires qu'en langage technique on appelle « le cinquième quartier ». Cet écart est motivé par l'organisation défectueuse du commerce : trop de compartiments, de degrés successifs séparent le pot-au-feu parisien du paysan berrichon, charentais ou normand. Un bœuf doit nourrir trop de monde avant d'être mangé effectivement.

Au marché de la Villette, les ventes se font par bandes de 10 à 20 bœufs et de 100 à 200 moutons, chaque bande ayant en vedette des têtes de choix pour faire passer les sujets médiocres. Cet état de choses a créé et maintient le commerce de gros, les « chevillards », ou bouchers abatteurs, qui revendent aux bouchers de détail ; à moins que ces derniers ne se fournissent aux Halles, où s'opère d'ailleurs un échange permanent entre les bas morceaux, repoussés par les quartiers riches, et les morceaux de choix, abandonnés par les quartiers pauvres qui n'ont pas de quoi les payer. Il faudrait qu'un individu ou une association possédât à la fois des magasins aux Champs-Élysées et aux Batignolles, dans le faubourg Saint-Germain et dans le faubourg du Temple, qu'il achetât des lots de bestiaux sur pied, les abattît et les débitât en totalité, expédiant ses « filets » à droite, ses « palerons » à gauche, utilisant ses « issues », en exerçant à lui seul toute l'industrie de la « chair », à la fois boucher, tripier et charcutier.

Périlleuse tentative, disent les gens du métier ; le commerce de boucherie est le plus difficile de tous. Le contrôle de nombreux étaux disséminés dans Paris serait impraticable. La distance entre les prix des diverses qualités de viande est très variable : énorme en hiver, insignifiante en été. La marchandise invendue subit, de jour à autre, une *déperdition de poids* sensible ; on ne peut, du reste, en conserver aucune sans avarie. Tous les bouchers ont aujourd'hui leurs glacières ; mais, en fait, une viande qui a séjourné sur la glace ne vaut plus rien. Interrogez la maison Duval, dont les trois boucheries ensemble vendent pour un million de francs par an; elle vous répondra que cette branche de son exploitation ne lui donne pour ainsi dire aucun bénéfice, que son gain provient uniquement de ses restaurants. Encore a-t-elle renoncé à l'achat des animaux sur pied pour n'avoir pas à courir les risques de reventes onéreuses.

Quelques-unes de ces objections sont fondées, d'autres seulement spécieuses, et le lecteur n'attend pas d'un profane qu'il entre ici dans le vif d'un débat, dont le « collier », la « joue » et la « plate côte » feraient tous les frais. Il est vraisemblable que, sous l'impulsion d'un spécialiste hardi, la boucherie se modifiera : le novateur sortira-t-il d'un étal de quartier ou d'un échaudoir de la Villette? Sera-ce un « bœuftier » ou un « moutonnier », c'est-à-dire un boucher de l'abattoir dont le trafic ne porte que sur le mouton ou sur le bœuf? Viendra-t-il des Halles centrales, en la personne d'un de ces trop nombreux facteurs ou commissionnaires sans ouvrage, mécontents de leur place dans le coin délaissé d'un pavillon, de ce qu'on appelle en argot de l'endroit être logé « à la purée »? Nul ne peut le savoir; l'évolution, jusqu'à ce qu'elle s'accomplisse, continuera à passer pour impossible.

V

Les coopératives de consommation.

Elles sont en enfance. — Il y en a mille, mais les trois quarts n'ont pas cinq cents membres. — Trois seulement ont dix mille adhérents. — La *Moissonneuse* au faubourg Saint-Antoine. — Son esprit ; veuves et *compagnes*. — Économistes sans le savoir. — Admirable intelligence de cette gestion ouvrière. — Trente-deux francs de fonds social. — Une leçon de choses.

Il est certain qu'elle présente des difficultés, puisque la viande est, de tous les aliments, celui qui a donné le plus de déboires aux sociétés coopératives. Aussi abordent-elles cet article avec beaucoup plus de timidité qu'aucun autre. Sur un millier de coopératives de consommation existant en France, 400 ont pour objet la boulangerie, 19 seulement s'occupent exclusivement de la boucherie. Celles qui embrassent l'universalité des comestibles obtiennent, dans cette dernière branche, des résultats assez médiocres.

Leur insuccès relatif n'est cependant pas de

18.

nature à nous décourager. La coopération, en qui l'on s'accorde à voir non la seule, mais la principale forme de distribution des marchandises dans l'avenir, est encore au berceau. Ce chiffre de 1000 sociétés, donné plus haut, n'est qu'un leurre; la plupart jusqu'ici végètent sans adhérents, sans capital, sans affaires. Elles se composent en général de quelques centaines de personnes, effectif assez semblable à la clientèle d'un petit marchand. Elles ont par suite les mêmes frais que lui. Plus des trois quarts de nos coopératives ne comptent pas 500 membres; quatre seulement en ont plus de 10 000 : l'une en province, à la Rochelle (13 500); les trois autres à Paris, *Société des employés civils* (11 200), *Association des officiers de terre et de mer* (14 000), *Moissonneuse* (15 000). On évalue à 100 millions de francs le total des ventes annuelles de ces mille sociétés, somme bien modeste auprès des 1200 millions de francs des associations analogues en Angleterre, somme dérisoire auprès des dix ou douze milliards que comporte, pour les objets qu'elles embrassent, la dépense des familles françaises. Un champ immense leur est donc ouvert.

La plus forte des coopératives actuelles par le nombre des associés, la plus attachante aussi par la catégorie sociale dans laquelle ils se recrutent, la *Moissonneuse*, a son siège social rue des Boulets, à l'extrémité du faubourg Saint-Antoine. Ses

15000 membres sont sans exception des ouvriers; ils représentent une population de 60000 âmes, en comptant, suivant l'usage, quatre personnes par feu. La plupart des actionnaires, en effet, vivent en ménage, conjoints de droit ou d'apparence. Mais ce dernier détail importe peu; dans les statuts, votés en assemblée générale, « l'union libre » jouit des mêmes égards et confère les mêmes droits que le mariage légal. « Au décès d'un sociétaire, dit l'article 15, sa veuve, *sa compagne* ou ses ayants droit peuvent faire opérer le transfert à leur nom de son action... » « Toute veuve *ou compagne* qui demandera son avoir avant trois mois de veuvage sera remboursée de suite sur la présentation du bulletin de décès. »

Si je mentionne ce détail caractéristique, c'est pour montrer combien la *Moissonneuse* est dégagée de préjugés; quel esprit, dirais-je... avancé, en tout cas indépendant de toute idée, de tout patronage bourgeois, anime ses membres. Par une piquante contradiction, néanmoins, ce groupe d'électeurs du XIIe arrondissement qui peut-être, si l'on scrutait leurs opinions politiques, sont peu enthousiastes du régime actuel et enclins, j'imagine, au socialisme, prouvent, par la hardiesse même de leur œuvre, par l'intelligence de leur gestion, combien ils ont profité des bienfaits du temps présent, de l'instruction et de la liberté. Ils se conduisent eux-mêmes comme de simples économistes, et font prospérer par leur mérite personnel un système d'association privée, dont le succès montre précisément l'inanité des revendications collectivistes.

La *Moissonneuse* est majeure depuis quelques mois. Elle compte vingt et un ans d'existence depuis le jour où une douzaine d'ouvriers, la plupart ébénistes ou travailleurs du bois, la fondèrent en 1874. Ces douze apôtres de la coopération recrutèrent une vingtaine de camarades. Chacun d'eux versa 1 franc, et ces 32 francs constituèrent le premier fonds social. L'un des adhérents acheta, pour le compte de la Société, une pièce de vin dont il avança le prix. A son arrivée en cave la futaille reçoit un choc, se brise, et la moitié du contenu se perd. Les destinataires heureusement n'étaient pas superstitieux. Ils rachètent une autre pièce et se partagent ainsi une boisson moins coûteuse et plus sincère que celle du cabaret.

Ce bon marché, les coopérateurs ne l'obtinrent pas toujours au début. N'offrant pas de surface, ils n'ont de crédit nulle part. La mauvaise volonté des petits commerçants du voisinage leur suscite mille embarras. Ne sachant pas toujours bien acheter, ils font des écoles. N'importe! Ils persistent et se vendent les uns aux autres, au comptant, des marchandises qu'ils paient souvent plus cher que chez l'épicier, et dont ils doivent aller prendre livraison dans leurs chambres réciproques; car ils n'ont pas d'argent pour louer un local. Leur premier magasin fut une espèce de cave, au fond d'une cour, rue Basfroi, qu'ils prirent à bail en 1876, au loyer annuel de 100 francs. L'association comptait peu après un millier de membres.

Avec un chiffre d'adhérents quinze fois plus fort, la *Moissonneuse* a fait, en 1895, huit millions d'affaires; elle dispose d'un capital de 550 000 francs et possède, outre son siège principal, huit épiceries, deux boulangeries, cinq boucheries, deux grands entrepôts de vin à Bercy, un magasin d'habillement, un autre pour le chauffage et la quincaillerie. Elle est en voie de construire, pour remiser ses voitures, loger ses chevaux et ses diverses marchandises, un magasin général qui lui coûtera 1 200 000 francs, y compris l'achat du terrain. Les « prolétaires » de ce quartier, d'où sont sorties tant de révolutions, vont devenir propriétaires fonciers dans la capitale.

Tels sont les résultats obtenus en vingt ans, sans secousse, sans argent, sans appui, par l'habile et persévérante initiative de travailleurs auxquels je suis heureux d'avoir ici l'occasion de rendre hommage. Avec le temps, cette œuvre, solidement établie, doit se développer. Jusqu'à ce jour son action demeure cantonnée dans les XIe et XIIe arrondissements de Paris; elle ne manquera pas de se propager dans les autres. Et plus elle s'étendra, plus elle sera efficace. A mesure qu'elle vendra davantage, elle vendra moins cher, parce qu'elle achètera meilleur marché, passant des marchés plus forts, obtenant les produits de toute première main ou les fabriquant elle-même.

Quelque parfait que soit le mécanisme décrit plus haut, d'une entreprise particulière d'alimentation comme celle de Potin, il est d'un intérêt social évident qu'elle rencontre des rivales parmi les sociétés coopératives. L'un et l'autre système seront ainsi amenés à multiplier leurs efforts, pour conquérir ou conserver la faveur des consommateurs qui profiteront de la concurrence. Les résultats acquis déjà sont d'un haut intérêt. Dans les quartiers excentriques où elle fonctionne, la *Moissonneuse* a causé, il est vrai, la faillite d'un certain nombre de boulangers, mais elle a fait baisser d'un quart le prix du pain.

Le taux de vente des diverses marchandises est établi par le conseil en majorant de 13 à 14 pour 100 le taux d'achat. Les frais généraux absorbent à peu près la moitié de cette majoration — 6 1/2 pour 100, — le reste, 7 pour 100, constitue un bénéfice, distribué tous les six mois aux adhérents dans la proportion des sommes dépensées par eux durant le semestre. Pour être adhérent, il suffit de verser 1 fr. 40. L'exiguïté de cette somme a été critiquée à tort, à la Chambre, par certains députés de Paris ennemis des coopératives. Ceux qui prétendent obliger l'ouvrier à acquérir une action de 50 ou de 100 francs avant d'avoir le droit d'économiser cinq centimes sur une livre de viande ne doivent point être regardés comme des amis du peuple. La meilleure preuve que la *Moissonneuse* ne voit pas en ses acheteurs de simples passants, c'est qu'elle les oblige à devenir actionnaires, mais sans rien débourser. Elle porte à l'avoir des nouveaux sociétaires leur part de bénéfice, jusqu'à ce qu'ils soient devenus propriétaires d'un titre de 60 francs. Avec le dividende que procure une consommation annuelle de 500 francs, chacun devient, en moins de deux ans, détenteur de ces 60 francs sans, pour ainsi dire, s'en apercevoir. Ce bien lui est venu non pas en dormant, mais en mangeant.

L'avantage serait, il est vrai, fort contestable si les prix de vente, sur lesquels ce boni est réalisé, se trouvaient plus hauts que le cours moyen des marchandises du quartier. Tel n'est pas le cas : le coopérateur s'approvisionne dans les boutiques de la société à meilleur compte, et souvent de denrées meilleures — pour la viande par exemple — que dans les autres magasins. Malheureusement les boucheries ont donné, comme je l'ai dit, certains mécomptes. Pour avoir essayé, pendant un mois seulement, d'acheter du bétail sur pied, l'association a perdu un certain nombre de mille francs. Le rapport se plaint des intermédiaires auxquels il n'a pas été possible d'échapper encore et conclut ainsi : « Cette perte aurait été atténuée dans une certaine mesure si, parmi les administrateurs, il s'était trouvé un citoyen au courant des roueries et des usages du marché. Cela prouve qu'il ne suffit pas d'avoir de la bonne volonté si l'on ne possède pas en même temps une dose suffisante de pratique. »

Le rapport du « conseil d'administration », celui de la « commission de contrôle », sont d'ailleurs des modèles de bon sens. Ils témoignent d'autant d'ingéniosité que de prudence. Leur lecture est édifiante; ils constituent la meilleure réponse aux pessimistes d'en haut ou d'en bas, dont les uns croient, dont les autres affectent de croire les ouvriers incapables de conduire leurs affaires sans la surveillance ou la subvention de l'État. A la *Moissonneuse*, en effet, le pouvoir exécutif est entre les mains de trois secrétaires, dont la fonction *ne dure qu'une année* et *qui ne sont pas rééligibles*. L'un est actuellement serrurier, le second bijoutier et le troisième ébéniste. Ils touchent un traitement de 260 francs par mois, assez semblable au salaire des ouvriers les plus capables de leur profession, et dépendent d'un conseil d'administration de vingt-quatre membres renouvelés par tiers tous les six mois, dont le seul émolument consiste en un jeton de présence de 1 fr. 50 pour des séances hebdomadaires commençant à huit heures du soir et se terminant à minuit.

On pourrait se demander si le changement

incessant des autorités directrices n'est pas une cause de faiblesse pour l'institution; comment l'expérience peut se former, la tradition se maintenir, la responsabilité personnelle s'accuser, avec un roulement aussi rapide? Je dois cependant reconnaître que les résultats obtenus sont de nature à inspirer grande confiance. « Sans doute, citoyens, disait il y a quelques mois à ses camarades le rapporteur du conseil, il reste des réformes à introduire; il en sera toujours ainsi tant que nous marcherons en avant. Mais, dès maintenant, nous pouvons nous féliciter... » Notre association « fait naître parmi ses adhérents cet esprit de solidarité et de fraternité qui est son apanage ». En effet les « Moissonneurs » ont fait preuve de dévouement autant que d'aptitude. A les voir à l'œuvre, on se prend à trouver trop sombres les pronostics des prophètes de malheur sur l'influence des « doctrines subversives »; on se demande si la nature n'a pas, à l'usage des nations, de secrets traitements homéopathiques dont nos fils verront les heureux effets. L'émancipation partielle des classes populaires a commencé par créer des conflits que leur émancipation totale apaisera peut-être. Voilà, dira-t-on, de bien audacieuses conjectures à propos de quelques boutiques d'épicerie; mais pourquoi ne pas croire que la connaissance de ses véritables intérêts finira quelque jour par réconcilier la société avec elle-même?

CHAPITRE IV

LES ÉTABLISSEMENTS DE CRÉDIT

I

Les effets de commerce.

Changement d'attitude de l'argent. — Le veau d'or ne mange plus à sa faim. — Mise en branle des écus. — Crédit démocratisé. — Établissements privés devenus des organismes publics. — Secret ancien des bilans. — Le serment des teneurs de livres. — *Découverts.* — Dépôts à vue; liquidité obligatoire. — Le *run* du public. — Rôle de la banque de France. — Voulez-vous 800 millions? — Papier *sain*. — Valeur des signatures. — Rothschild, petit client de la Banque. — « Tirages croisés. » — Députés protestés. — 300 000 francs de perte sur 14 milliards.

Un phénomène contemporain est le changement d'attitude de l'argent vis-à-vis des autres marchandises. Les rapports entre vendeurs et acheteurs sont très différents, de nos jours, de ce qu'ils étaient dans le passé. Il semblait jadis que le « vendeur », c'est-à-dire celui qui *reçoit de l'argent* en échange d'un objet quelconque, fût l'obligé de l' « acheteur », de celui qui *donne de l'argent* en paiement de cet objet. Il n'en est plus de même aujourd'hui : l'argent se nivelle à son rang de marchandise. Le fait est saillant dans les relations du patron et de l'ouvrier, dont l'un achète et l'autre vend du travail. La législation, les mœurs surtout, concédaient ici au propriétaire d'argent une prééminence qu'il a perdue. Idéalement, le veau d'or, symbole de la richesse, continue d'avoir son autel; pratiquement, il est forcé d'en descendre, pour aller chercher sa pâture. Encore ne mange-t-il pas toujours à sa faim.

Les prêtres attachés au service de cette idole, les banquiers, dont la profession passait pour la plus lucrative et tirait une sorte d'éclat de sa familiarité avec les métaux vénérés, sont désormais au nombre des moins favorisés de tous les commerçants. Leurs chances de gain sont très réduites, leurs risques de perte demeurent indéfinis. Cet état nouveau tient en partie à l'augmentation de la fortune publique — quand le cuivre devient or, l'or devient peu de chose; — il provient surtout du bon usage fait de cette fortune moderne, de l'organisation du crédit qui multiplie la richesse en enseignant la manière de s'en servir. Avant que les Parlements se fussent préoccupés de mettre le crédit à la portée de tout le monde, des établissements privés étaient parvenus à en faire jouir la plupart des citoyens auxquels le crédit est nécessaire et qui sont susceptibles de l'obtenir.

Ces établissements, dont je me propose d'étudier ici les plus notables, ont, depuis trente ans, en démocratisant le commerce de l'argent, activé, à l'envi les uns des autres, la mise en branle des écus, jadis immobilisés dans les bas de laine. Ils ont contribué par là à accroître la production et conquis ainsi des titres à la reconnaissance, puisque chacun sait, sans être grand clerc, que c'est d'une augmentation du nombre des paires de souliers que vient l'augmentation du nombre des gens chaussés.

On ne connaissait naguère que deux espèces de banques : d'un côté, la banque d'État, institution nationale et tutélaire, mais attachée au rivage par ses devoirs plus encore que par sa grandeur, emprisonnée dans des règlements que le souvenir de mésaventures historiques avait dû rendre très étroits ; d'un autre côté, des banquiers privés : émetteurs, escompteurs ou « cambistes » suivant leurs spécialités ; la plupart, en province, de médiocre surface ; quelques-uns, à Paris, enrichis par des opérations heureuses, mais travaillant pour leur compte personnel et ne se croyant pas investis d'une mission sociale. Ç'a été le caractère des sociétés de crédit — caractère qui du reste leur est commun avec les grands organismes de ce siècle — que, préoccupées seulement au début de réaliser des bénéfices pour leurs actionnaires, elles ont peu à peu glissé, par une pente insensible, à cette situation d'établissements semi-publics et d'intérêt général qu'elles occupent aujourd'hui dans l'opinion.

Leur objectif consistait à faire en très grand de très petites affaires, à devenir le banquier de la classe moyenne, la plus nombreuse, qui jusqu'alors n'avait pas de banquier. A eux quatre, le Crédit lyonnais, le Comptoir d'Escompte, la Société générale et le Crédit industriel ont ensemble 300 000 comptes de chèques. L'on voit bien la différence de leur clientèle avec celle de la Banque de France par le montant relativement minime de chacun de ces comptes comparé à celui qu'ils atteignent à la Banque officielle : à cette dernière, le solde d'un compte particulier est en moyenne de 38 000 francs ; au Crédit lyonnais il n'est que de 6000 francs. Seulement le nombre des comptes ouverts par le Crédit lyonnais est de 155 000, tandis que celui des clients de la Banque de France ne dépasse guère 15 000, soit le dixième de l'autre. Loin de se contrarier, chacun de ces rouages a son rôle distinct. Les sociétés de crédit proclament hautement qu'elles ne pourraient subsister sans la Banque de France, dont l'organisation, plus parfaite que celle de n'importe quelle banque d'État, très supérieure notamment à la Banque d'Angleterre — qui fait l'admiration de tous les gens incompétents, — sert de base aux transactions sur la totalité du territoire.

Unir la puissance des capitaux et des relations d'une banque d'État à la souplesse, à l'esprit commercial d'une banque privée; varier le traitement de la clientèle suivant les circonstances; fuir le machinisme inflexible sans se départir des règles qu'impose la prudence dans un colossal maniement de fonds, tel était le programme. Les financiers qui lui sont restés fidèles, ou qui, l'ayant passagèrement perdu de vue, ont su revenir bien vite à son exécution, sont ceux qui dirigent à présent les maisons les plus prospères.

Une innovation de ces banques collectives, c'est la publicité de leurs bilans et de leurs entreprises. La pénétration du grand jour, le contact avec l'opinion, signalent les conceptions actuelles, aussi bien dans l'industrie privée que dans le domaine politique. Les idées anciennes sur la pudeur des chiffres, sur ce que les hommes d'ancien régime nommaient le « secret des finances », ne s'accommodaient pas d'une pareille audace. C'était un système, pour les banques d'autrefois, de s'envelopper de mystère. Par ce procédé, qui donnait libre cours à des appréciations exagérées, leurs encaisses apparaissaient au public comme des puits sans fond. On suppose, écrivait en 1721 un négociant estimé, que le numéraire de la Banque d'Amsterdam « est de 3000 tonnes d'or, qui, évaluées à

100 000 florins la tonne, feraient un produit presque incroyable... » Lorsque les armées françaises, au temps de la Révolution, envahirent la Hollande, il ne se trouva pas à Amsterdam la vingtième partie de ce que représentait cette somme. A Hambourg, les teneurs de livres faisaient serment de ne point révéler le total des dépôts entrant ou sortant, et, grâce à leur silence inviolable, la situation de la banque demeurait ignorée. Fidèles à ces errements, les maisons privées s'appliquent encore à maintenir dans l'ombre leurs divers mouvements de capitaux, pour ne point exciter l'envie en cas de gain, et ne point provoquer de panique en cas de perte. Lors du vote par les Chambres de l'impôt sur les opérations de bourse, le plus riche banquier privé de Paris cessa immédiatement de recevoir les ordres de bourse, parce qu'il ne lui convenait pas de soumettre ses livres à la vérification du fisc.

Cette publicité, à laquelle ils sont voués par leur constitution, n'est pas sans porter parfois préjudice aux établissements de crédit : ils en tirent pourtant grande force en ce que, manœuvrant sous les yeux de leurs actionnaires, de leurs clients et de leurs rivaux, ils ont dû resserrer leur gestion et leur comptabilité, afin de ne pas donner prise aux critiques. A mesure qu'ils grandissent en effet, grossit le mécontentement des intermédiaires qu'ils suppriment, et les intérêts menacés par leur marche se coalisent pour leur barrer la route.

Un avantage encore de ces vastes usines où l'argent, manipulé sans cesse, entre et sort sans se reposer jamais, est de recueillir les parcelles de capitaux sans emploi pour les mettre à bas prix au service de ceux qui les font valoir. Par là leur action a été immense sur le loyer des fonds de roulement du commerce. Elles ne jouent pas d'autre part un moindre rôle dans ce que l'on peut nommer la colonisation pécuniaire. Leurs agences, qui se ramifient chaque jour, sont les postes avancés de l'argent français et par là même de l'influence française.

Les ressources sont de deux sortes : le capital souscrit par les actionnaires, les dépôts de fonds à vue ou à échéance fixe. Du premier, les directeurs peuvent disposer à leur guise, en spéculations multiples, seules susceptibles de procurer de gros bénéfices, mais capables aussi de causer de forts mécomptes. La plupart se bornent à consentir à leur clientèle, sur ces fonds sans emploi, des prêts qui s'élèvent, dans les quatre principales sociétés, à 450 millions environ. Ces sommes, aux yeux de la banque, ne sont pas immobilisées : elles permettent aux industriels de payer des marchandises qu'ils emmagasinent, à certaines époques de l'année, pour les écouler ensuite après les avoir plus ou moins transformées.

Nul compte ne doit rester perpétuellement débiteur; autrement la société de crédit deviendrait le commanditaire de ses clients, et c'est ce qu'elle redoute par-dessus tout. Ces « découverts », suivant le terme en usage, la maison de banque les accorde comme une récompense à ceux qui lui remettent une bonne quantité d'effets à l'escompte, parce qu'elle se contente souvent, sur des avances de plusieurs centaines de mille francs, d'un intérêt très modique : 4 et demi ou 4 pour 100. Il y aurait folie pour l'établissement à mettre ces sommes, qui lui sont dues, en balance de celles qu'il doit lui-même au public ; il ne pourrait jamais recouvrer les premières avec la même rapidité qu'il devrait payer les secondes. Il ne saurait songer davantage à immobiliser les dépôts à vue et les comptes créditeurs dans une entreprise de longue haleine, voire la plus avantageuse, puisqu'il n'est pas aisé de réaliser les sommes ainsi engagées, que l'établissement est tenu de rembourser lui-même à première réquisition.

De même les valeurs mobilières, fussent-elles des meilleures, de celles qu'on est convenu d'appeler « de tout repos », subiraient, en cas de grave perturbation, une baisse énorme au moment précis où l'établissement aurait besoin de les vendre. C'est l'éventualité dont les Chambres se sont maintes fois préoccupées pour les caisses d'épargne. Mais les déposants de ces caisses, créanciers de l'État, se doutent bien qu'ils ne pourraient, en pareil cas, être remboursés à bureau ouvert, et qu'il leur faudrait accepter les échéances que leur débiteur fixerait par une loi. Les établissements privés ne sont pas en même posture : si leurs clients se contentent d'un demi ou 1 pour 100 d'intérêt, c'est afin d'être sûrs de toucher à leur gré le montant de leur avoir. A la première alerte, ils accourent; la simple déconfiture d'une société importante suffit pour attirer à toutes les autres un *run* aux dépôts. Ce fut ce qui arriva lors de la chute de l'ancien Comptoir. La déclaration de guerre de 1870 enleva en quelques jours au Crédit lyonnais 70 pour 100 de ce chapitre, à la Société générale 85 pour 100. On estime que la panique légère amène 25 pour 100 de retraits, la grave 50 à 60 pour 100, la très grave 75 à 90 pour 100. Il faut toujours être prêt à ces catastrophes.

Les seules destinations rémunératrices de ces 1500 millions auxquels s'élèvent, dans les grandes banques de dépôt, les sommes remboursables à vue, sont l'escompte des effets de commerce et les emplois passagers que la Bourse offre habituellement aux capitaux sous forme de report. Pour que les sociétés de crédit soient en mesure de tenir leurs promesses, il faut que l'encaisse, le portefeuille des traites bancables et l'argent placé en reports, égalent les dettes exigibles à toute heure. Tandis qu'affolé par quelque krach, par la crainte d'un bouleversement social ou d'une complication extérieure, le bourgeois se présenterait aux guichets, l'établissement aurait, en quelques heures, réescompté à la Banque de France de volumineuses brochettes d'effets et en aurait rapporté des liasses de billets bleus et des sacs d'espèces sonnantes.

Lors du dernier emprunt d'un milliard, le Crédit lyonnais souscrivit personnellement au Trésor une somme de 300 millions de francs, qu'il venait de se procurer à la Banque par l'escompte de tous ses effets d'une échéance de quarante-cinq jours au plus. Le léger bénéfice que cette maison, après la répartition définitive, retira de sa souscription compensa à peine les frais, la perte d'intérêt de sommes improductives pendant plusieurs semaines; mais son unique but était de manifester, par une fierté légitime, la solidité de son portefeuille.

Ainsi, quoiqu'elles lui fassent une redoutable concurrence, les banques de dépôt s'appuient sur la Banque de France, au point que toute l'économie de leur système dépend de l'existence de celle-ci. Chose curieuse, la Banque de France, en aïeule indulgente, préoccupée avant tout de l'intérêt public, voit ses jeunes rivaux d'un bon œil, et s'applique plutôt à faciliter leur œuvre qu'à l'entraver. On n'a pas à craindre que les bureaux de la rue de la Vrillière manquent de billets en cas de panique : ils sont toujours à cet égard abondamment nantis. Une loi, qu'une après-midi suffirait à voter si les circonstances l'exigeaient, leur permettrait de livrer au public un milliard et davantage. Au moment de la conversion récente de la rente 4 1/2 pour 100, bien qu'il semblât probable qu'aucun remboursement ne dût être demandé par les rentiers, le ministre des Finances voulut néanmoins prendre ses précautions. Il prévint le gouverneur de la Banque du besoin éventuel que pourrait avoir l'État de quelques centaines de millions. M. Burdeau parlait de 500 : M. Magnin lui conseilla d'en demander 800, et, quelques jours après, les 800 millions de billets étaient tirés et signés, prêts à sortir des caisses au premier appel. Ils y sont restés sans emploi, ou, s'ils ont pris leur vol, ç'a été pour les nécessités périodiques de la circulation, qui exige chaque année le renouvellement du tiers en moyenne des billets de banque. Mais ce petit fait montre que les établissements de crédit n'auraient aucune peine à convertir en espèces leur portefeuille d'effets.

A une condition cependant : c'est que ces effets de commerce seraient eux-mêmes de bonne marchandise. Les législateurs naïfs qui songèrent à faire régler par les pouvoirs publics l'emploi des dépôts, et qui permettaient de les affecter à l'escompte du papier, n'avaient oublié qu'un point dans les minutieuses prescriptions projetées : c'est qu'il y a des traites de 10 000 francs qui valent 10 000 francs, et d'autres qui ne valent pas deux sous. Rien, dans leur tournure extérieure, ne distingue celles-ci de celles-là. Elles ont même physionomie, même allure ; la seule différence réside dans la qualité des signataires et dans le motif du tirage de la lettre de change. C'est là ce qui fait que les unes sont « saines », comme on dit, et que les autres ne le sont pas.

Sur le marché, le crédit d'une signature n'est nullement proportionné au chiffre de la fortune ou même au capital de la maison qui a émis ou accepté l'effet. Il y entre une grande part d'appréciation morale. Des traites au bas desquelles se trouvent les noms de Mallet ou d'Hottinguer sont bien plus haut cotées dans l'opinion que du papier émis par des banquiers beaucoup plus riches peut-être, mais moins anciens. Ces signatures de premier ordre n'abondent pas d'ailleurs sur la place : elles sont toujours plus demandées qu'offertes. Ainsi MM. de Rothschild frères sont de très petits clients pour la Banque de France ; ils ne lui donnent que fort peu d'effets à l'escompte, et, si l'on ne trouve guère leur papier dans la circulation, c'est qu'ils le rachètent souvent eux-mêmes. Bien des grands financiers ou des sociétés importantes agissent de façon semblable, suivant leurs disponibilités.

En revanche, il est des noms tellement « mauvais », que leur présence sur une traite, comme tireurs ou comme endosseurs, suffit à la faire écarter de l'escompte par la Banque, lors même que, par une hypothèse invraisemblable, cette traite porterait l'acceptation d'une des meilleures maisons de Paris. Ce qui constitue en effet le papier sérieux, c'est la *double responsabilité* de deux personnes solvables, dont l'une crée la lettre de change et dont l'autre s'engage à y faire honneur. La Banque de France exige une garantie supplémentaire, celle de l'endosseur, généralement un banquier. C'est là ce papier « à trois signatures » que les hommes du métier s'accordent à vouloir maintenir, à l'encontre de quelques imprudents qui ne songent pas qu'augmenter les risques de notre institution centrale ce serait amoindrir l'élasticité du crédit public.

Comme l'argent obtenu en faisant escompter des traites coûte beaucoup moins cher que celui des emprunts simples, bien des commerçants, parmi les plus honnêtes, n'hésiteraient pas à s'en procurer ainsi, d'une façon factice, par le « papier de circulation » à renouvellements indéfinis, par des « tirages croisés » que deux maisons s'entendent pour effectuer mutuellement l'une sur l'autre, etc. Toutes ces combinaisons qui constituent le « papier de complaisance », les sociétés de crédit s'appliquent à les découvrir et à les paralyser. Un service spécial est chez elles organisé à cet effet. Au Comptoir d'Escompte, ce soin regarde un conseil immuable et traditionnel, dont les membres se succèdent parfois de père en fils et où sont encore représentées, à la troisième génération, cinq familles qui remontent à la fondation, vieille de près d'un demi-siècle. Le Crédit lyonnais possède deux contrôles, aux sièges de Paris et de Lyon; si par hasard un engagement douteux a été contracté, il est signalé aussitôt, afin que l'erreur commise ne se renouvelle pas.

Cet ensemble de précautions, et la multiplicité des renseignements qu'elle comporte, sont nécessaires, non seulement pour se garer des pertes possibles, mais aussi pour éviter, en cas de réescompte à la Banque de France, de se voir refuser le papier défectueux par le crible du second degré qui fonctionne auprès de celle-ci, sous forme de comité non moins sévère que les précédents et, qui plus est, absolu. Jamais le gouverneur ne se mêlerait de faire admettre un effet écarté par le conseil. La signature de personnages haut placés, mais mauvais payeurs, y est rebutée comme celle de simples mortels, et des billets de députés sont protestés avec le sans-façon le plus parfait par les huissiers de la maison. Les risques sont d'ailleurs très divisés : à la Banque la moyenne des effets a été en 1893 de 661 francs; au Comptoir d'Escompte elle est descendue de 669 francs en 1892 à 587 francs en 1893. A la Société générale, dont les traites sont au nombre de 11 millions et demi par an, elle n'est que de 533 francs. Les autres établissements oscillent entre ces divers chiffres. Grâce aux soins multiples pris par ces sociétés, les pertes provenant de créances irrécouvrables se sont renfermées dans des limites au-dessous desquelles il est difficile de descendre. Sur un mouvement de portefeuille qui dépasse 14 milliards de francs, le Crédit lyonnais ne perd pas annuellement plus de 300 000 francs. C'est un chiffre légèrement inférieur à celui de la Banque de France, pour un portefeuille presque identique.

II

Comptoir d'Escompte. — Société générale.

Réduction du taux de l'escompte. — Ce que valent 10 centimes d'intérêt. — Chasse à la clientèle; les *démarcheurs*. — Homme de paille; singulier quiproquo. — Papier *déplacé*. — Petites traites. — Le *gold point*. — Prêts sur marchandises; avances sur valeurs. — « J'aimerais mieux me casser la jambe... » — Débuts du Comptoir d'Escompte. — Promenades en fiacre. — Enrôlement forcé d'actionnaires. — Affaire des cuivres; l'engrenage. — Société générale. — L'ancien jeu. — Éclaireurs de l'armée financière. — Commissions de guichet. — Deux francs de pourboire. — Persévérance fâcheuse. — Les guanos; la faillite du Pérou.

Ainsi placés entre la nécessité de se procurer de bon papier, pour utiliser leurs dépôts, et la difficulté d'éloigner le mauvais pour ne pas perdre leur argent, les établissements de crédit se sont fait les uns aux autres une concurrence active, dont le capital travailleur a recueilli tous les fruits, tandis que le capital oisif en faisait tous les frais. Le taux de l'escompte est allé sans cesse s'abaissant au profit de l'industriel, en même temps que l'intérêt des dépôts diminuait au préjudice du rentier.

Pour pouvoir vendre à l'un les espèces bon marché, il fallait ne pas les acheter trop cher à l'autre. Opérant sur des sommes immenses, le plus léger écart constitue un chiffre considérable : pour le milliard que détient le Crédit lyonnais, une différence de 0 fr. 10 par 100 francs représente *un million* par an. Avant la guerre, en 1868, la Société générale donnait 3 pour 100 de ses dépôts à vue; mais en ce temps-là le taux de l'escompte était de 6 pour 100, et celui des reports de 7 pour 100 sur les bonnes valeurs. A partir de 1878 la face des choses changea; elle s'est si bien modifiée depuis lors, que le papier de banque se négocie aujourd'hui sur la base de 1 fr. 75 ou 1 fr. 62 d'intérêt annuel. Durant l'année 1892, cet intérêt tomba à 0 fr. 80 pour 100. Même il y eut pendant six semaines, en mai et juin, pénurie absolue d'effets à la Bourse, et la Société générale en fut réduite à acheter de la rente 4 1/2 pour 100, faute de pouvoir trouver à ses fonds un emploi rémunérateur.

Désireux d'éviter cette extrémité fâcheuse, puisqu'elle compromet la liquidité de leurs dépôts, les divers établissements font la chasse à la clientèle; ils ont des placiers, des « démarcheurs », chargés d'aller à domicile offrir aux maisons sérieuses cet argent, naguère si rare et si fier, qui s'offre à présent de façon si modeste. Ces courtiers ne se rebutent pas, reviennent souvent à la charge, et c'est à qui arrachera aux autres une signature solide. S'agit-il de gros personnages, on ne se contente pas de les solliciter par députation : le président du conseil d'une des sociétés les plus florissantes ne dédaignera pas, tout grand seigneur qu'il soit lui-même dans le monde financier, d'aller en personne, accompagné d'un de ses chefs de service, engager les pourparlers et visiter un client précieux à conquérir pour ses actionnaires.

L'ardeur des poursuites amène parfois d'amusants quiproquos. On sait que tout effet de commerce doit être revêtu d'un timbre de 5 centimes par 100 francs. La taxe, insignifiante pour les petites sommes, est assez lourde lorsqu'il s'agit de traites de 100 000 ou 200 000 francs. Pour économiser cet impôt, qui ne frappait au début que les effets *créés en France*, beaucoup de grandes banques s'arrangeaient de manière à les faire créer à l'étranger, par des hommes de paille. Elles acceptaient ou endossaient ensuite ces billets, et les livraient à la circulation sous leur responsabilité. La *Banque de Paris et des Pays-Bas*, entre autres, avait recours, pour cette besogne, au père d'un de ses employés nommé X..., dénué de toute opulence et vivant, dans une petite ville d'Allemagne, d'une rente de quelques centaines de thalers; ce qui ne l'empêchait pas d'apposer annuellement sa signature sur des effets qui montaient ensemble à un bon nombre de millions de francs. Ce brave homme reçoit un jour de Paris une lettre recommandée conçue à peu près en ces termes : « Monsieur X..., nous remarquons que vous faites depuis plusieurs années de grandes affaires sur notre place... Nous sommes en mesure de vous offrir, pour l'escompte de vos traites, des conditions sensiblement plus avantageuses, croyons-nous, que celles de vos correspondants actuels, et nous nous mettons à votre disposition, si vous voulez bien entrer en relations avec nous, etc... » La missive émanait d'un employé du Crédit lyonnais, dont on ne pouvait que louer le zèle, bien qu'il ait été cette fois mal récompensé : le destinataire, ne comprenant pas un mot de français, envoya simplement à son fils cette lettre qui ne pouvait pas recevoir de réponse.

A voir le taux minime où est descendu l'escompte, sur le marché libre, on se demande pourquoi la Banque de France, à qui l'argent semble ne rien coûter, grâce à son privilège d'émission, maintient le prix de 2 pour 100, et renonce aux nombreux effets qu'un abaissement plus ou moins notable de ce chiffre ferait entrer dans son portefeuille. Le motif en est simple : les établissements de crédit sont des commerçants, libres de traiter à leur guise, à des conditions diverses, avec chacun des membres de leur clientèle. Ils ont un tarif qui varie suivant les effets et les localités. Ce tarif même, ils y dérogent quand bon leur semble. Ils prendront, comme la Banque d'Angleterre, des traites de valeur identique à des taux différents, selon la qualité des signatures. Il est vrai qu'ils escomptent des effets à destination des plus petites campagnes. Ces derniers, toujours plus onéreux — 4 pour 100 au minimum, — forment ce qu'on appelle le papier « déplacé », c'est-à-dire non susceptible d'escompte à la Banque de France, parce qu'il est en dehors des 260 villes où existent des succursales, des bureaux auxiliaires, ou un simple rattachement. Les commissions sont en outre assez chères puisqu'il faut s'entendre pour le recouvrement avec des huissiers du cru, dont les conditions semblent léonines, sans toutefois enrichir beaucoup ces officiers ministériels. Il en résulte qu'une société de crédit encaissera gratis, pour le compte de ses clients, une traite de 1000 francs sur Paris, Bordeaux ou Marseille, tandis qu'elle leur fera payer 1 franc 25 cent. pour un effet de 30 francs, sur Fontenay-aux-Roses.

La Banque de France, elle, est tenue de tout prendre à un prix uniforme sans distinction de signatures ni d'effets; et, si les gros lui rapportent, les petits lui coûtent. Présenter une traite de 15 francs aux Batignolles ou aux Buttes-Chaumont est une mauvaise affaire. Ces coupures minuscules ne sont pas un mythe : à Paris seulement, l'an dernier, la Banque a encaissé 26 000 effets de 10 francs ou au-dessous et 931 000 effets de 11 à 50 francs. Les établissements de crédit, trouvant précisément que les frais, pour de pareil papier, dépassent les bénéfices, repassent volontiers à la Banque ce qu'ils en ont, lors des échéances.

De plus le cours de l'escompte est capricieux; il saute en quelques semaines du simple au double. Si la Banque de France modifiait le sien douze fois par an — comme la Banque d'Angleterre qui, d'un mois à l'autre, en 1893, passait de 2 et demi à 5, — le commerce ne manquerait pas de jeter les hauts cris. La fixité du taux est un mérite de notre grande institution nationale, contraire peut-être à ses intérêts propres, mais à coup sûr avantageuse au public. Attentive à la maintenir, elle sait, lorsque le chèque sur Londres menace de monter au *gold point*, autrement dit d'atteindre le niveau où l'exportation de l'or français en Angleterre deviendrait profitable, se défendre par des procédés qu'il n'y a pas lieu d'indiquer ici, mais qui font honneur à son ingéniosité.

Les dépôts à échéance fixe, mais peu éloignée, produisent un intérêt plus fort que celui des dépôts à vue; l'établissement de crédit doit donc leur faire rapporter davantage. Ayant ici quelques semaines ou quelques mois pour se libérer, il consent à ses emprunteurs un délai analogue, et place ces fonds en avances sur titres ou marchandises. Celles-ci sont les moins importantes : les marchandises warrantées ne représentent que 12 millions de francs, contre 62 millions de prêts sur titres, au Comptoir d'Escompte. La proportion entre la somme avancée et la valeur des articles servant de gage — qu'il s'agisse de peaux, de sucres ou de fers — varie suivant la stabilité de leur prix et la cherté plus ou moins grande du moment. Il va de soi que les chances de dépréciation sont moindres quand les cours sont bas. La plupart des établissements s'accordent à suivre à ce sujet le tarif établi par la Banque de France. Quoique d'ailleurs les sociétés de crédit accueillent indifféremment les fonds d'État, actions et obligations, français et étrangers, cotés ou non à la Bourse, les bilans réunis du Crédit lyonnais, du Comptoir d'Escompte et de la Société générale n'accusent ensemble, en fait d'avances sur valeurs mobilières, que 200 millions, tandis que la Banque de France, quoiqu'elle n'admette qu'une centaine de valeurs, exclusivement françaises, absorbe dans ce service une moyenne de 300 millions. Ici la lutte était plus difficile parce que, les valeurs sur lesquelles portent chez eux la plupart des emprunts étant moins solides, ou moins aisément négociables, la prudence oblige les établissements libres à se montrer moins larges, aussi bien sur le taux que sur la quotité des prêts.

Le principe de la division des risques, qui règle la composition de leur portefeuille, doit présider également à celle de leurs avances. Elles évitent de se charger de trop gros paquets; elles recherchent la variété. Des influences puissantes les forcent-elles à se départir, même pour un court laps de temps, de leur réserve ordinaire, c'est avec une profonde répugnance que leurs chefs contracteront un engagement qu'ils jugent dangereux, quelque lucratif qu'il puisse être. Lors de l'avance d'une trentaine de millions faite au Panama vers 1888, par un groupe de grandes sociétés — avance dont la presse a maintes fois parlé depuis, — le directeur d'un des établissements syndiqués disait à ses collègues, en quittant la salle où l'affaire venait de se conclure : « J'aurais mieux aimé m'être cassé la jambe que d'avoir eu à donner cette signature-là. » Plus tard, par une singulière ironie des événements, quelques orateurs transformèrent en usure adroitement exécutée ce prêt que l'on n'avait pu arracher aux intéressés qu'en faisant appel à leur patriotisme !

Si les établissements de crédit redoutent à un tel point les immobilisations de capitaux, « accrochés » dans une affaire non pas toujours mauvaise, mais par laquelle leurs ressources disponibles se trouvent paralysées durant de longues années, c'est que tous, sans exception, ont éprouvé de ce chef de grandes pertes. L'expérience qu'ils ont acquise leur a coûté cher ; la première période de leur existence est semée de cuisants souvenirs.

L'examen de ce passé montre combien est faux cet axiome qui roule parmi le vulgaire que « l'argent va toujours à l'argent », et qu'il suffit d'en avoir beaucoup pour en gagner énormément. Si la vie privée n'était pas murée, la mise à nu des péripéties auxquelles sont sujettes les spéculations des capitalistes serait instructive. L'on y verrait combien de fois les entreprises les plus sages, celles même dont le public profite, ont donné de mécomptes à leurs auteurs, quelque riches qu'ils puissent être. Le nombre est plus grand qu'on ne croit des « affaires » où tels grands banquiers, qui pensaient faire merveille en y participant, ont englouti d'assez beaux deniers, bien que plusieurs industries aient gagné, en fin de compte, à leurs hardies tentatives. L'un d'eux a ainsi perdu successivement de fortes sommes dans l'étain, le cuivre, l'argent et le nickel.

Les exemples qu'il serait indiscret de demander aux fortunes particulières, l'histoire des établissements publics de crédit nous les fournit.

Leur doyen est le Comptoir d'Escompte. Lorsque éclata la révolution de 1848, ce fut, parmi les banquiers de Paris, un désarroi général, la suppression absolue de tout crédit. Les simples recouvrements devenaient eux-mêmes impossibles. Les pétitions affluaient à l'Hôtel de Ville, siège du gouvernement provisoire, lui demandant de remédier à cette panique. Une intervention du même genre, en 1830, avait coûté à l'État près de 30 millions : c'était un précédent peu encourageant. Un décret fut pourtant rendu, autorisant la création, dans les principales villes, de comptoirs d'escompte dont le capital serait formé : un tiers en argent par les associés souscripteurs ; un tiers en obligations *par les villes* ; un tiers en bons du Trésor *par l'État*. Ces deux derniers tiers ne représentaient qu'une caution éventuelle, les ressources liquides devant être fournies par l'initiative privée. Le premier comptoir fut ainsi fondé à Paris, au capital de 20 millions de francs, dont 13 333 000 consistaient en une promesse de la Ville et de l'État de payer un jour cette somme, au cas où les 6 666 000 francs, effectivement versés par les actionnaires, viendraient à disparaître.

Aux heures difficiles du début il n'était d'ailleurs pas question de savoir si l'on perdrait ces 6 666 000 francs, mais d'abord si on les trouverait. Dans cette capitale où l'on remue des milliards, il fut impossible, en cette période troublée, de mettre la main sur six pauvres millions indispensables pour galvaniser le crédit en défaillance. *Et nunc erudimini!* M. Pinard, futur directeur de l'institution, frappait à toutes les portes, courant Paris dans un fiacre, tout en avalant force laudanum pour pacifier une méchante indisposition d'entrailles qui l'aurait justement engagé à rester chez lui. On ne parvint pas à réunir plus de 1 587 000 francs ; encore avait-il fallu, pour atteindre cette somme, le concours de la chambre des notaires et de plusieurs sociétés de bienfaisance, qui sans doute pensaient ne jamais revoir la souscription qu'elles avaient aumônée.

Devant l'insuffisance de ce fonds de roulement, l'État, qui venait de constituer pour l'ensemble de la France une dotation de 68 millions, dite « du petit commerce », avança un million en espèces, et les opérations commencèrent. En douze jours, 30 000 effets à deux signatures, d'une valeur de 13 millions et demi, présentés par plus de 5000 personnes, furent admis à l'escompte. Pour accroître leur capital social, les administrateurs du Comptoir levèrent des actionnaires comme le gouvernement levait des soldats. Par une sorte de conscription financière à laquelle leurs clients durent se soumettre, une retenue de 5 pour 100 sur le montant de leurs effets était imposée aux négociants. Le produit de cette retenue leur était restitué sous forme d'actions.

Telle fut l'humble et laborieuse origine de ces institutions de crédit, si embarrassées à l'heure présente par l'emploi de leurs richesses. On ne les regardait au début que comme des rouages temporaires, destinés à disparaître quand le pays aurait recouvré son aplomb. Le décret qui servait d'acte de naissance au Comptoir ne lui accordait que trois ans de vie. Son existence, en 1850, fut prorogée de six ans, sur la demande des actionnaires, libres dès lors et affranchis de l'enrôlement obligatoire, qui n'avait pas tardé à être supprimé.

Les actions pourtant n'étaient pas encore intégralement souscrites; le dividende demeurait peu appétissant. Mais le gouvernement avait augmenté ses avances, et les dépôts à vue, auxquels on bonifiait un intérêt de 4 pour 100, se chiffraient déjà par une dizaine de millions de francs.

La situation s'améliora peu à peu : dans les premiers mois qui suivirent la fondation, plus du tiers du capital s'était trouvé compromis par le non-paiement d'effets en souffrance; tandis qu'à la fin de 1852 le total des effets impayés depuis 1848 ne s'élevait plus qu'à 450 000 francs, quoique le montant annuel du portefeuille fût passé de 100 à 300 millions. L'année suivante (1853) le Comptoir se dégageait de la tutelle de l'État et triplait aisément son capital. Depuis le jour où, émigrant de l'appartement du Palais-Royal qui lui avait servi de berceau, il alla s'installer, rue Bergère, dans cet hôtel Rougemont qu'il rebâtit et transforma par la suite, jusqu'à l'heure néfaste où il paya de sa vie un instant d'aberration de ses chefs, l'ancien Comptoir fournit une brillante carrière. Ni le succès d'établissements plus jeunes, ni la gravité de la faute commise, ne peuvent faire oublier à l'impartiale histoire les services rendus pendant quarante ans par cette maison, à qui la liquidation amiable a d'ailleurs permis de recouvrer la presque intégralité de son avoir.

Chacun sait ce que fut cette lamentable affaire

des cuivres. L'escompte était, à la fin de 1887, en diminution sensible. D'importants articles de marchandises tombés à des prix très bas ne provoquaient pas de demandes, tandis que les caisses de la rue Bergère contenaient, pour Paris seulement, près de 200 millions de dépôts et de comptes créditeurs dont il fallait tirer parti. A ce moment, la Société des métaux, en vue de se procurer une grosse quantité d'étains et de cuivres, dont les cours étaient avilis par une production exagérée, demanda l'appui financier du Comptoir et en obtint des avances sur les cuivres qu'elle achetait. L'opération, d'abord commerciale, ne tarda pas à dégénérer en pure spéculation. Pour consolider et accroître la hausse que ses premiers achats avaient déterminée, la Société des métaux imagina de régler la production des cuivres dans le monde entier, en traitant à cet effet avec les principales mines. Le directeur du Comptoir eût la folie de garantir l'exécution de ces contrats gigantesques.

Une fois pris dans l'engrenage où ce fatal engagement l'avait jeté, l'établissement fut, jour par jour, envahi par un afflux inouï de cuivre, à mesure que ses espèces monnayées l'abandonnaient. Informé de cette périlleuse transmutation de métal, le conseil d'administration, qui l'avait d'abord ignorée, n'osa pas courir le risque des pertes qu'eût entraînées une vente forcée des marchandises dont il était déjà détenteur. Pendant toute l'année 1888 les mines de cuivre, bénéficiant des marchés qu'elles avaient passés, augmentèrent sans cesse leur production tandis que la consommation, refusant de payer les prix excessifs demandés pour ce métal, se réduisait au minimum. Plusieurs combinaisons destinées à faciliter la résiliation des traités échouèrent. Les demandes d'argent de la Société des métaux au Comptoir devinrent plus pressantes, ses moyens d'y satisfaire moins aisés. Déjà de puissants clients mis en éveil — le gouvernement russe, entre autres, qui avait 20 millions de dépôts — redemandaient leurs fonds. Ce fut alors que M. Denfert-Rochereau, écrasé sous le poids des responsabilités qu'il avait assumées, se donna la mort.

Ce malheureux homme était directeur du Comptoir depuis sept ans, et y comptait vingt-six ans de services. Entré comme petit employé, mis en évidence par un hasard favorable — un rapport difficile, demandé à l'improviste dans les bureaux, et que seul il sut rédiger avec rapidité, — il était monté, de poste en poste, jusqu'à ce gouvernail qu'il n'avait pas su tenir. Longtemps en effet avant sa chute, l'ancien Comptoir s'enlizait dans l'inaction, au point de vue des transactions professionnelles. Au lieu de compenser la baisse du taux de l'intérêt commercial par un mouvement plus rapide de ses capitaux, il demandait la plus large part de ses bénéfices aux opérations financières.

C'était l'ancienne école, l'ancien jeu : prêts lucratifs à des États obérés, à des sociétés momentanément gênées; participations à des affaires nouvelles dont on contribue à former le capital; émissions de titres que l'on prend « fermes » à un certain prix, et que l'on classe dans sa clientèle, à ses risques et périls, avec une majoration de cours... si possible. L'ensemble de ces spéculations absorbait une notable part de l'activité des sociétés de crédit. Leur rôle d'intermédiaire eut sa raison d'être dans un moment où l'épargne était sollicitée, au fur et à mesure de sa formation, par cent entreprises diverses : chemins de fer, travaux d'édilité, gaz, mines ou forges, tant en France qu'à l'étranger. Ces créations n'étaient pas toutes du meilleur aloi; il serait injuste pourtant d'accuser les établissements de crédit d'avoir développé la fièvre de spéculation qui sévissait au commencement de l'Empire. En 1856, avant qu'ils fussent entrés en scène, le gouvernement, effrayé du nombre et de l'importance des émissions nouvelles, s'appliquait à les restreindre. Mais la transformation de l'outillage industriel commençait à peine, et les traités libre-échangistes de 1860 allaient donner au commerce français une extension inouïe. Il passa en cinq ans de 3 à 6 milliards.

De cette époque (1863) date la fondation presque simultanée de la Société générale à Paris, du Crédit lyonnais à Lyon, et d'autres moins notables dont plusieurs ont disparu. Ces cadets ne firent aucun tort à leurs aînés : le Comptoir d'Escompte distribua, en 1866, 63 francs de dividende — plus de 12 pour 100 du capital. — « Les difficultés, disait, dans son rapport d'ouverture, le Conseil de la Société générale, résideront beaucoup plus dans la multiplicité que dans l'insuffisance des affaires proposées, pour le développement du commerce et de l'industrie. » Le contraire aujourd'hui serait vrai, puisque, de 4 milliards en 1889, le chiffre des émissions est tombé à 2 milliards en 1891 et à 300 millions en 1893. Les établissements de crédit sont-ils responsables de cette stagnation?

Ils ont été accusés par les uns d'avoir, pour toucher de gros courtages, patronné des entreprises peu viables et contribué ainsi à développer la méfiance de l'épargne. D'autres les blâment au contraire d'oublier leur rôle d'éclaireurs de l'armée financière, en montrant une timidité exagérée vis-à-vis des affaires qui n'ont pas fait leurs preuves. Cependant avec les emprunteurs considérés, devant qui toutes les bourses sont prêtes à s'ouvrir, les intermédiaires se trouvent travailler pour la gloire. A peine si on les gratifie d'un pourboire misérable, sous le nom de « commission de guichet ». La Ville de Paris, lors de son émission récente, leur allouait

2 francs par obligation, qu'ils ont eux-mêmes rétrocédés presque entièrement à leurs correspondants de province, poussés par le souci qui les force, pour ne pas déchoir, à présenter un gros chiffre de souscription.

Une loi inéluctable associant le danger au bénéfice, les sociétés de crédit, lorsqu'elles fournissent de leur poche le capital d'une entreprise, diminuent l'aléa en se cédant les unes aux autres une portion de leur mise. Par ce système de placements à deux et trois degrés s'effectuait, en faveur des propriétaires d'une seule action des nouvelles banques collectives, une démocratisation des tentatives vastes, lourdes et largement rémunératrices parfois, qui demeuraient précédemment le monopole des financiers. Évolution identique à celle qu'a voulu favoriser la loi de 1893 sur les sociétés anonymes; d'où il résulte que, moyennant 25 francs prélevés sur leurs économies, un journalier ou une servante de ferme peuvent s'intéresser directement à des exploitations industrielles dans lesquelles le labeur d'autres journaliers a pour but de leur produire des dividendes. Cette pulvérisation du capital n'enrichira pas, à vrai dire, tous ces actionnaires minuscules; mais n'y a-t-il pas avantage social à ce que le plus de gens possible, en s'ingéniant à grossir leur avoir, apprennent combien il est aisé de le perdre et difficile même de le conserver?

La Société générale, après une période de prospérité, durant laquelle sa collaboration au nouveau Paris de M. Haussmann, au cabotage à vapeur sur les côtes françaises, aux mines de fer de l'Algérie, aux chemins de fer créés dans l'ancien et le nouveau monde, lui avait procuré un revenu moyen de 11 pour 100, se vit, par l'insuccès de deux affaires seulement, privée de la majeure partie de ses ressources. Or ces affaires exotiques, qui ont mérité la réprobation universelle parce qu'elles ont mal tourné, étaient habilement engagées. Participante, en 1870, de la Société des guanos, dans un achat fait à l'État péruvien de deux millions de tonnes de cette marchandise ; peu après, concessionnaire d'un port au Callao, la Société générale semblait alors effectuer des opérations assez bonnes pour que d'autres nations, jalouses de l'influence que la France allait prendre au Pérou, lui aient disputé la place. Lucratives au début, ces entreprises ne tardèrent pas à se gâter. Le tort de l'établissement fut, comme il arrive souvent, de s'y enfoncer davantage. Erreur banale ! on ne peut s'empêcher d'envoyer un second million à la recherche du premier, et, si l'on apprend qu'ils sont tous deux malades, on laisse partir un troisième million pour sauver les deux autres. C'est ainsi, par une succession d'efforts, que des affaires mauvaises se relèvent et triomphent. C'est de la même façon du reste qu'elles empirent et s'effondrent.

La persévérance est une chose admirable, à moins que ce ne soit une sotte chose ; l'événement seul en décide. Ceux qui se sont déroulés depuis vingt ans sur les bords de l'océan Pacifique n'ont été rien moins que favorables aux combinaisons pécuniaires qui s'y étaient fourvoyées. Ils n'ont pas été beaucoup plus heureux sur les bords de la Seine, où se jeta du haut d'un pont, près de Saint-Germain, après avoir avalé une fiole de poison, l'un des principaux banquiers intéressés dans le guano, tombé en faillite à la suite de la guerre franco-allemande. La Société générale dut se charger ainsi des parts de plusieurs défaillants. Vinrent alors, dans l'Amérique du Sud, les prétentions exorbitantes du gouvernement, qu'elle ne put satisfaire, la brouille qui s'ensuivit, la vente à d'autres acheteurs par ce gouvernement d'un nouveau stock de guano, égal au précédent, qui vint lui faire concurrence sur les marchés ; puis la faillite du Pérou, qui cessa de payer les intérêts de sa dette, l'émission du papier-monnaie et son cours forcé, qui porta le change à des hauteurs vertigineuses ; enfin, et pour dernier coup, les révolutions éclatant à Lima et la République péruvienne en proie à une guerre civile entre les divers candidats à la présidence.

III

Crédit lyonnais.

Un palais de trente millions. — Henri Germain, incarnation de la banque moderne. — Bazar à métaux précieux. — Déboires passagers. — Banque de Paris et des Pays-Bas. — Brassage des affaires sur le marché parisien. — Quatre millions de lettres par an. — L'or frappé d'ostracisme. — Anciennes *foires d'argent*. — Chèques; fraudes dont ils sont l'objet. — Un voleur volé. — Absorbé par le journal. — Lettres de crédit circulaires. — Honnêteté d'appoint. — Valeurs contrefaites. — Chèques *crossés*. — Obstacles aux travestissements. — Un gendre héroïque.

Cependant et tandis que les mouvements de la Société générale étaient paralysés par l'émigration de ses capitaux, une nouvelle société surgissait, au centre de la vie parisienne, débordante elle-même d'activité. Elle se bâtissait sur le boulevard des Italiens un palais qui a coûté 30 millions quoiqu'il soit trop étroit encore et qu'il lui faille découper en tranches les maisons voisines. Conduit par un homme en qui s'incarnait le génie de la banque nouvelle, M. Henri Germain, son fondateur, son président et, pour tout dire, son âme, le Crédit lyonnais s'emparait peu à peu du premier rang. Les ambitions de M. Germain sont-elles satisfaites? Qui pourrait le croire? Jeune d'esprit et de corps, marcheur infatigable, quoiqu'il ait soixante-dix ans révolus il compte aussi peu les kilomètres à la chasse que les heures de travail dans son cabinet, pour l'examen de cette énorme comptabilité des 150 agences du Lyonnais, dont la situation, arrêtée chaque samedi soir, est mise sous ses yeux chaque mardi matin. Quoiqu'il gémisse sur le présent et sur l'avenir de la banque en général, « moins rétribuée, dit-il, que la moyenne des industries, sujette à trop de périls, et susceptible de trop peu de bénéfices », M. H. Germain, qui du reste est en partie l'auteur de cette révolution, est forcé de l'accentuer, tout au moins de la maintenir, puisque son rêve est de voir Paris se substituer à Londres dans le commerce d'argent du monde : or c'est seulement par l'appât de traitements meilleurs que le papier d'une place se peut attirer sur une autre.

Depuis le jour pourtant où le président du Crédit lyonnais, frappé, d'une part, de la morgue des grandes banques, de l'autre des difficultés de toucher ses coupons et de placer son argent en dépôt, concevait l'idée d'un nouveau type : le bazar à métaux précieux, avec politesse dans les rapports et amplitude dans les proportions, jusqu'à la réalisation complète de ce plan dans ces bureaux actuels, où subsistent le moins de cloisons possible — « les cloisons servant uniquement aux employés pour lire leur journal », dit M. Germain, — où tout le monde est sous la vue de tout le monde et sous l'œil du public, le Crédit lyonnais a connu de nombreuses vicissitudes.

Créé à Lyon au capital de 20 millions en 1863, porté à 60 millions en 1872, à 100 millions en 1879, à 200 millions en 1881, ses affaires et ses bénéfices avaient suivi une marche constamment ascendante, dont un seul chiffre donne l'idée : en 1872, son mouvement général de caisse était un peu inférieur à 6 milliards par an ; en 1880, il fut de 18 milliards et demi. Après le doublement de son capital, il possédait 80 millions de réserves. De ces 80 millions, qui figuraient au bilan de 1882, 40 millions ont été absorbés par une dépense de 10 millions pour les frais de création des agences et pour les immeubles, et par une perte d'environ 30 millions subie, entre 1882 et 1888, sur des entreprises diverses d'assurances, d'eaux, de gaz, de canaux, d'achats de terrains et de constructions urbaines, toutes solides et sérieusement étudiées, dans lesquelles le Crédit lyonnais s'était intéressé et qui n'avaient pas répondu à son attente.

Si je rappelle ici le souvenir de ces déboires depuis longtemps liquidés, c'est pour montrer combien a été éprouvé, par des fluctuations impossibles à prévoir, celui même de tous les établissements dont le succès retentissant provoque le plus de jalousies. Où M. Germain s'est montré vraiment novateur, c'est en rompant le premier avec les traditions anciennes, non seulement des banquiers privés, mais aussi des sociétés de crédit, y compris la sienne, en matière de placements de capitaux immobiles. Il faut que ce milliard dont il dispose, allégrement manié, passe et repasse sans cesse par menues parcelles; qu'il circule depuis le tronc central jusqu'aux branches les plus récemment poussées, comme la sève dans l'arbre, ou le sang dans le système artériel. Grâce à cette fluidité des espèces, la maison pourrait, si elle voulait, liquider complètement en l'espace de trois mois au plus. Tel est si bien l'idéal de la banque de dépôts, que les établissements vivants s'efforcent tous aujourd'hui de l'atteindre, et que, pour s'en être écartés, beaucoup ont péri, les uns empêtrés dans de louches spéculations, comme les Dépôts et Comptes courants, les autres égorgés par des adversaires auxquels ils avaient imprudemment donné prise, comme l'Union générale de M. Bontoux.

Le public a d'ailleurs intérêt à ce qu'aucune société ne domine isolément le marché, à ce qu'entre les banques, comme entre les magasins ou les usines, il subsiste une concurrence. Il est bon que la Société générale s'applique à défendre son ancien rang, et que le nouveau Comptoir d'Escompte, auquel est échue la bonne fortune d'avoir maintenant pour directeur un homme d'un rare mérite, M. Alexis Rostang, lutte avec le Crédit lyonnais sur le terrain pacifique des effets de commerce.

Le patronage des valeurs nouvelles, la participation à des entreprises de longue haleine, ne deviendront pas, par cela même, le monopole de la banque individuelle. Il s'est aussi fondé, depuis trente ans, des associations de capitalistes qui, ne recevant point de dépôts des particuliers, se livrent en commun à ce genre d'opérations.

Le type le plus parfait en ce genre est la Banque de Paris et des Pays-Bas. Elle se constitua en 1872 par la fusion de deux maisons, l'une parisienne, l'autre hollandaise. La première, dirigée sous l'Empire par MM. Cernuschi, Delahante et Joubert, sans guichets ni correspondants, ressemblait, par le chiffre élevé des actions émises à 25 000 francs, par le petit nombre de mains qui les détenaient, à une aristocratie de grosses fortunes plutôt qu'à un peuple de petits porteurs. Son influence dans les sphères gouvernementales lui permit d'obtenir du Crédit foncier, moyennant un intérêt de 2 pour 100, les sommes que cet établissement recevait en dépôt et dont elle-même tirai aisément 8 pour 100 en ce temps-là. Quant à la Banque des Pays-Bas, originaire d'Amsterdam où était son siège social, française par la nature de ses opérations, elle avait pour chef un financier accompli, M. H. Bamberger, qui avait su créer, grâce à ses succursales, des relations étendues en Belgique et en Suisse. La nouvelle Banque de Paris et des Pays-Bas, disposant de 62 millions versés, divisés en 125 000 actions, a peu à peu, par l'union autour de sa table de conseil et dans son cénacle le plus intime, de seigneurs d'un nombre respectable de gros lingots, distancé les maisons isolées de la haute banque, dont l'influence et la sphère d'action se sont amoindries.

Sur ce marché de Paris — où viennent, comme à un rendez-vous convenu, se faire brasser les affaires du globe; où l'on soupèse la recette kilométrique de voies ferrées dans l'Argentine, la tonne d'affrètement d'une ligne de steamers dans l'océan Indien, le rendement d'une mine dans l'Afrique australe; où l'on sonde les plaies métalliques des États rongés par le cancer du papier-monnaie, et où l'on médicamente avec des toniques les crédits anémiés, — sur ce marché si vaste, la loi qui pousse les forces modernes au groupement agit avec une évidente autorité. Si l'on excepte la maison Rothschild, qui conserve son autonomie, la plupart des banques privées subissent plus ou moins l'ascendant de quelques centres d'attraction comme la Banque de Paris. Le lien des participations unit de plus en plus ceux qui se livrent au commerce de l'argent; de sorte qu'il se forme une espèce d'*Omnium* des valeurs nouvelles, voisines ou éloignées, qui atténuera à la fois les gains et les pertes. Ce sera l'un des résultats de la tendance contemporaine à l'association, que cette banque a, pour sa part, contribué à développer et qui rend son histoire attachante.

L'agitation du capital dans les établissements de crédit est, comme on vient de le voir, incessante : le mouvement des caisses réunies du Crédit lyonnais, du Comptoir d'Escompte, de la Société générale et du Crédit industriel dépasse 55 milliards par an. Les relations avec la clientèle sont en rapport avec une pareille activité. A lui seul, le Crédit lyonnais expédie 4 millions de lettres par an, soit une moyenne de 13000 correspondances par jour ouvrable.

Cette masse de paiements et d'encaissements ne correspond toutefois qu'à un assez petit déplacement de billets de banque et surtout d'espèces d'or et d'argent. A la Banque de France, où les entrées et les sorties atteignent 53 milliards, *dans les bureaux de Paris seulement*, les billets bleus ne figurent dans le chiffre que pour 15 milliards et le métal jaune et blanc que pour un milliard. Cette proportion de 2 pour 100 est à peu près la même dans les sociétés privées. On se rappelle avec quelle mauvaise humeur l'or fut accueilli par le public lorsqu'en 1893 la Banque, ayant atteint la limite légale d'émission de ses billets, dut effectuer les paiements en cette monnaie qui parut lourde et encombrante. Les caves de la rue de La Vrillière s'étaient volontairement vidées, en 12 jours, de 145 millions en pièces de 20 francs. Ces pièces, aussitôt qu'une loi eut permis aux billets de sortir en plus grand nombre, revinrent d'elles-mêmes en quelques semaines reprendre leur place dans les coffres.

Nos pères, qui ne connaissaient pas les billets et qui n'avaient souvent que des monnaies défectueuses, dont le transport était onéreux et plein de hasards, prisaient fort les avantages de ces compensations de dettes et de créances que nous pratiquons si couramment aujourd'hui. Ils avaient des *foires d'argent* temporaires, où les négociants venaient acheter et vendre du papier de commerce. Tels étaient, tous les trimestres, les « paiements de Lyon ». « Il s'y échange, dit un document officiel de la première moitié du XVIIe siècle, 12 ou 15 millions de livres » — c'était quelque chose alors, — « sans qu'il s'en voie plus de 6 ou 8000 en argent comptant. » L'or voyage encore de par le monde et les établissements de crédit en reçoivent ou en expédient des colis appréciables; témoin les 50 barils envoyés à l'un d'eux, ce printemps, de New-York, contenant ensemble 12 500 000 francs dont quarante-neuf seulement arrivèrent d'abord à destination, le cinquantième ayant été dérobé en route et caché sous un tas de charbon. Mais le plus souvent les sommes portées aux écritures sont représentées par des effets ou par des chèques.

L'usage de ces derniers, importé d'Angleterre, se répandant de plus en plus, la grande banque arrive à remplir, pour de très modestes citoyens, le rôle d'un intendant vis-à-vis de son maître. C'est un serviteur collectif. Elle gère des milliers de fortunes mobilières. Moyennant une rétribution minime, elle garde les valeurs, encaisse les coupons, paie les dépenses de chacun. Le nombre est de plus en plus grand des personnes qui, ne gardant chez elles que peu ou point d'argent, n'ont pas à redouter les larcins.

Quant aux sociétés de crédit, devenues le point de mire de fraudes innombrables, elles se tiennent sur leurs gardes, ce qui ne les empêche pas d'être parfois victimes d'habiles chevaliers d'industrie. L'un d'eux va demander un chèque de peu d'importance sur telle ou telle ville, en verse le montant et, une fois en possession du « document », lave au moyen d'agents chimiques la somme portée en lettres et en chiffres, qu'il remplace par une autre, très supérieure. Comme les petits chèques, afin de faciliter la rapidité des relations, ne sont généralement pas avisés, le banquier sur lequel celui-là a été fourni n'en a pas été informé; mais, se voyant en face de signatures authentiques, il n'hésite pas à en effectuer le paiement, surtout si le porteur a de l'audace et ne se laisse pas démonter. Un novice du métier, ayant pris et payé à Gênes un chèque de 1800 francs sur une banque de Marseille, le présente à cette dernière, après avoir très adroitement changé les 1800 francs en 18 000. Tandis qu'immobile devant le guichet il attend son argent, le contrôleur, d'ailleurs sans méfiance, demande à haute voix une explication au caissier. Le faussaire, se croyant découvert, tourne les talons, ouvre la porte et prend la fuite. Ce fut un voleur volé : il perdit les 1800 francs qu'il avait déposés à Gênes, car il ne reparut jamais.

Dans les sociétés de crédit, les chèques, avant d'être payés, sont soumis à un contrôleur qui vérifie les avis, les signatures et la provision. Ayant remarqué que le chèque, dûment visé, était après ces constatations rendu au bénéficiaire, certains escrocs, après l'avoir mis en poche, allaient chez eux en majorer la valeur par les procédés indiqués plus haut, puis revenaient le toucher à la caisse. Le Crédit industriel et commercial fut ainsi dépouillé de plusieurs centaines de mille francs par l'adresse d'un seul filou. Une fraude du même genre fut commise à Londres pour un chèque de 48 livres sterling, délivré par la Société générale et payable à la banque Glyn, Mills and C°. Ce chèque fut transformé en 4800 livres (120 000 francs) avec un savoir-faire exceptionnel : le chiffre original de 48 livres, non seulement indiqué à l'encre, mais aussi découpé à jour dans le papier par un procédé de perforation bien connu, avait disparu. Les faussaires, ayant enlevé le coin perforé du chèque, l'avaient remplacé par un morceau de papier adapté avec une telle perfection qu'il était impossible de le distinguer à l'œil nu.

Pour prévenir les majorations après visa on délivre maintenant un numéro ou un ticket, contre le dépôt au contrôle du chèque, qui est transmis directement à la caisse par l'employé chargé d'y apposer sa griffe. Dans les maisons où ces divers services sont assez éloignés les uns des autres, de petits chemins de fer ou tubes à air transportent les chèques des mains du contrôleur dans celles du payeur.

La formalité récente du ticket a pour but d'empêcher une autre friponnerie d'une audace extraordinaire. Lorsque le caissier appelait naguère par leurs noms les bénéficiaires des chèques, et se contentait, avant de leur en verser le montant, de leur faire énoncer à haute voix le chiffre auquel ils avaient droit, certains malandrins, rôdant autour des guichets, parvenaient à lire le nom et la somme inscrite sur le chèque, généralement déplié au moment de sa présentation par le titulaire. Si ce dernier se laissait aller, en attendant son tour, à quelque distraction, s'il causait avec un voisin ou s'absorbait dans la lecture d'un journal, le filou, qui le guettait, s'avançait tranquillement à sa place, faisait connaître le chiffre qui lui était dû et touchait l'argent à sa barbe. Plus tard, quand, impatienté de la longueur de l'attente, le propriétaire du chèque en réclamait le paiement au caissier, le voleur était déjà loin. Pour éviter ces escroqueries, et bien d'autres, les établissements de crédit entretiennent une police secrète, recrutée souvent parmi les agents supérieurs de la sûreté, et chargée spécialement de surveiller les allures des personnes qui séjournent dans les halls.

Les « lettres de crédit circulaires » sont aussi un sujet où s'exerce l'imagination des coquins. En possession d'une lettre de ce genre d'un montant déterminé, l'un d'eux remarqua que les banquiers chez lesquels il était accrédité, au lieu de porter le chiffre des acomptes payés sur le dos de la lettre, l'avaient inscrit sur la double feuille demeurée blanche. Après avoir épuisé son crédit, il déchira la page ainsi annotée et se présenta dans une autre banque avec l'unique page restante, dont le verso était vierge. La somme, très importante, fut payée et donna lieu à un procès demeuré célèbre dans la jurisprudence financière.

D'autres professionnels d'outre-Manche ont poussé plus loin le raffinement : ils ont envoyé, sur du papier à lettres authentique de banques anglaises, qu'ils s'étaient procuré, avis à des maisons continentales de la délivrance de lettres de crédit à leur nom. Vingt-quatre heures après, juste à temps pour que le banquier visé n'ait pu recevoir de réponse d'Angleterre, le faussaire lui rendait visite, et, pour mieux capter sa confiance, ne touchait qu'une partie de la somme à laquelle il semblait avoir droit.

Cette discrétion dans le vol n'est pas très rare. Une banque avait envoyé de Paris à Odessa des billets russes. A l'arrivée du pli chargé, le destinataire télégraphia que le chiffre indiqué ne s'y trouvait pas, mais que, en revanche, il renfermait des coupures autrichiennes et roumaines. Très intrigué, l'expéditeur se fit retourner l'enveloppe et son contenu pour l'examiner. Il reconnut qu'après avoir coupé le cachet à la cire, le voleur s'était approprié une partie des roubles et les avait remplacés par une menue monnaie fiduciaire d'autres pays. Honnêteté d'appoint, billon de scrupules... Je ne parle ni des traites fausses, ni des valeurs contrefaites, encore assez fréquentes : on découvrit il y a peu de temps l'existence de nombreux titres imités de la dette extérieure espagnole sur lesquels certains établissements avaient consenti des prêts ou effectué des négociations.

En attendant que l'on ait organisé, pour les fortes sommes, l'usage des chèques « crossés », dont l'encaissement ne peut être fait que par des banquiers, les soins nouveaux apportés au papier, à la gravure confiée à des ateliers spéciaux, ont pour but de rendre les travestissements des chèques très difficiles. La teinte jaune, rose ou bleue qui les recouvre, n'est autre chose que le nom de la société de crédit dont ils émanent, répété à l'infini en lettres minuscules et imprimé si légèrement que l'encre de la plume dissout la couleur. Un lavage ou un grattage devient ainsi presque impossible. De plus, la place où la somme doit être inscrite en chiffres est disposée de telle sorte que le moindre agent chimique la détériore d'une manière très visible. Enfin les banques usent d'un gaufrage ou d'un piquetage qui rend fort malaisées les modifications frauduleuses. Pour les lettres de crédit l'on a adopté, soit dans la pâte du papier, soit dans la partie imprimée, certains signes conventionnels que le faussaire ne peut découvrir.

Préposé à la conduite d'une armée de millions qu'il doit sans cesse tenir en haleine, et à laquelle il faut faire suer un dividende, le directeur d'un établissement de crédit, obligé d'éventer chaque jour les ruses nouvelles dont ses capitaux pourraient être victimes, est porté, semble-t-il, à voir l'espèce humaine par ses pires côtés. C'est du moins l'opinion que j'exprimais à l'un d'entre eux, après avoir égrené la litanie des choses vilaines et douloureuses qui lui passaient sous les yeux : politiciens battant monnaie avec leur signature, négociants lançant des traites fictives, importateurs produisant de faux connaissements, warrants à double et triple exemplaire, servant à escroquer des prêts à trois ou quatre maisons.

« Il est vrai, me répondit-il; cependant j'ai vu dans mon métier des actes d'une délicatesse bien touchante. Laissez-moi vous citer le suivant : Un officier de marine, qui avait donné sa démission pour fonder une entreprise commerciale, fut forcé, au bout de quelques années, de suspendre ses paiements. Il demeurait redevable à notre maison d'une somme assez ronde et, quoiqu'il se refusât à rembourser même un léger acompte, je ne pus me résoudre à faire prononcer la faillite de cet homme dont le passé était irréprochable. J'en étais là, quand j'appris que mon débiteur, après avoir définitivement abandonné les affaires, venait d'être appelé à un poste officiel et suffisamment lucratif. Je lui demandai alors de prélever sur son traitement, pour l'extinction de notre créance, une somme modeste qui témoignât de sa bonne volonté. Il m'écrivit, sur un ton furieux, que je voulais le déshonorer, que, si j'insistais, il jetterait à la rivière sa croix de la Légion d'honneur et s'y jetterait après elle. Indisposé par une réplique si disproportionnée avec ma modération, je me disposais à faire procéder à une saisie de ses appointements, lorsque je reçus la visite d'un petit homme à la physionomie triste, malingre et décidée, qui me dit se présenter pour l'affaire de M. X... (c'était le nom du personnage récalcitrant). « Je viens, dit-il, vous offrir de payer la somme, je vous demande seulement un peu de temps. — Mais à quel titre intervenez vous?

lui dis-je, subitement impressionné par son attitude. — Je suis le gendre de M. X... — Alors c'est par affection pour lui que vous assumez cette charge? — Non, monsieur, je n'ai jamais eu qu'à me plaindre de M. X... — Ah! je comprends, c'est pour votre femme et vos enfants? Et mon intérêt grandissait, devant ce visage contracté par une sorte d'anxiété pudique. — Non, me fut-il répondu très doucement, je n'ai pas d'enfants et ma femme est morte. — Mais quel mobile vous fait donc agir? — Oh! monsieur, c'est très simple : j'ai aimé la fille de M. X... pendant dix ans. J'étais alors un pauvre pharmacien, et M. X... considérait ma demande comme inconvenante, eu égard à sa position personnelle. Quand il a été ruiné, j'ai pensé que je pourrais obtenir celle que j'aimais. Je l'ai eue en effet, pendant un an, et elle est morte. C'est pour elle et en son unique souvenir que je veux payer les dettes de son père. » Il y avait tant de grandeur dans le naturel avec lequel tout cela fut dit, que j'en fus ému profondément. Inutile d'ajouter que j'acceptai les conditions offertes par mon interlocuteur, qui furent ponctuellement exécutées. »

Le financier dont je tiens ce récit m'a conté d'autres épisodes de dévouement remarquable, que le cadre de cette étude ne me permet pas d'y rapporter, et qui montrent que l'argent ne dessèche pas toujours le cœur.

IV

Boîte à milliards. — Agences de province.

Sous le plancher de verre. — Deux mille modèles d'imprimés. — Rivière de la Grange-Batelière. — Un lac au quatrième étage. — Coffre-forts en location. — « Serre » des titres. — Détachement des coupons. — Service des renseignemens financiers. — Dossiers confidentiels. — Agences des départements. — Type de directeur. — Disparition des petits banquiers de province; ses causes. — Le Lyonnais en Europe. — Le Comptoir d'Escompte en Chine. — Poursuite sur mer. — Les débiteurs de Madagascar. — Traites documentées d'Australie. — Appointements des employés des deux sexes. — Influence de la situation sociale. — Frais et bénéfices des grandes banques.

Toutes les pertes des établissements de crédit ne sont pas le résultat de fraudes coupables. Dans un pareil mouvement de papier, il se produit forcément quelques erreurs : un nom est pris pour un autre, un ordre de bourse est mal interprété, un titre peut être délivré par mégarde à un client auquel il n'appartient pas. Pour se rendre compte de la diversité des services qui gîtent côte à côte en ces temples de la richesse mobilière, il suffit de

23.

parcourir le plus récemment édifié, celui du Crédit lyonnais.

Sous le plancher de verre de ces halls où la foule, à certaines heures, entre et sort à flots si pressés qu'ils semblent un prolongement du trottoir, dorment deux étages de sous-sols silencieux et vides; point inutiles cependant. Là se trouve l'imprimerie de la société, où les 2000 modèles de papier à lettres, cartes, enveloppes, fiches, bordereaux, chemises, tableaux et prospectus nécessaires au fonctionnement quotidien des bureaux de Paris et de province sont confectionnés par une vingtaine d'ouvriers. Plus loin une machine de 160 chevaux produit l'électricité, et actionne les pompes qui fournissent chaque jour : d'abord les 100 mètres cubes d'eau dont la maison a besoin pour se débarbouiller, puis 100 autres mètres cubes pour faire mouvoir les ascenseurs et les monte-charges. Cette eau, tirée d'un puits de 110 mètres de profondeur, qu'alimente la rivière souterraine de la Grange-Batelière, ne viendra-t-elle pas à manquer un jour? Sollicité par les pompes voisines de l'Opéra, du Grand-Hôtel, des secteurs électriques du Palais-Royal et de Montmartre, par d'autres encore, le cours d'eau menace de tarir. Son niveau, depuis dix ans, a baissé de 8 mètres. Sa présence a, dit-on, gêné nos pères pour bâtir; son absence ne serait pas moins gênante pour nos neveux.

La question de l'eau ou, pour mieux dire, la

question du feu, les précautions contre l'incendie, sont de tout premier ordre pour une boîte à milliards comme celle-ci, bien que ses constructeurs se soient appliqués à la rendre presque incombustible, et qu'il y soit exercé une surveillance diurne et nocturne. Ici l'eau est accumulée partout en grandes masses, prête à jaillir à la première alerte des 53 cuves du sous-sol, ou à se précipiter en torrents, du haut des combles dans lesquels sont rangés en enfilade des récipients, toujours pleins, d'une contenance de 400 000 litres : un lac au quatrième étage. Aux angles du plafond, dans les salles basses où s'alignent les coffres-forts loués au public, par fragments grands ou petits, l'on aperçoit de larges trous béants par où l'inondation d'en haut viendrait noyer ces caves. Elle garantirait les richesses inconnues que renferment les compartiments privés, les espèces, valeurs, bijoux, papiers de famille, contrats ou titres de propriété, tout ce que cachait et enfouissait l'homme d'autrefois : — le châtelain dans son donjon; le bourgeois à même le mur, derrière son lit; le paysan dans la terre, au pied d'un arbre de la forêt, — tout ce dont l'homme d'aujourd'hui trouve plus commode et plus sûr de confier la garde à un organisme spécial et collectif. L'institution des coffres-forts est une de celles qui ont réussi le plus vite : le Comptoir d'Escompte, quoiqu'il agrandisse chaque année les locaux qui leur sont consacrés, suffit avec peine aux demandes; le Crédit lyonnais, qui n'avait il y a dix ans que 400 locataires, en a présentement 8300.

Dans le même sous-sol, mais séparés par une succession de grilles qui ne s'entr'ouvrent que pour un petit nombre d'employés, sont les serres de la conservation des titres. Au lieu de loger leurs valeurs dans un des coffres dont ils ont la clef, beaucoup de gens se débarrassent de tous soucis en remettant ces valeurs elles-mêmes à l'établissement, qui détache et encaisse les coupons. Grâce à ce procédé, le propriétaire d'un portefeuille, prudemment morcelé, n'est plus tenu de consacrer des heures nombreuses à toucher des sommes minimes, devant des guichets multiples, à des échéances variées. Cette besogne de classement et de manipulation des titres est remplie presque exclusivement par des femmes. Elles s'en tirent de manière à confondre les détracteurs du travail de leur sexe, puisque les titres en dépôt, dont la valeur est de 2 milliards et demi environ, sont au nombre de 7 millions, et qu'ils se composent de 3000 sortes de fonds d'État, actions, parts ou obligations diverses, appartenant à plus de 85 000 clients.

Au rez-de-chaussée, au premier étage, sont installés des bureaux connus du public. Ce qui l'est moins, c'est une succession de vastes pièces, sises en haut du grand escalier de pierre, et affectées aux archives; non pas aux archives de l'établissement — celles-là sont installées à Montrouge, dans un immeuble bâti tout exprès, où se concentrent la correspondance et la comptabilité des dix dernières années, — mais aux archives, ou mieux aux « études », comme on les nomme, financières, industrielles et commerciales du monde entier. Dans ces bureaux, création originale de M. Germain, toute association de capitaux a son dossier comme, à la préfecture de police, tout particulier notable a le sien. Les employés sont répartis en quatre sections : l'industrie est du ressort de la première. Elle doit collectionner tous les documents, recueillir tous les rapports, et se procurer autant que possible des renseignements confidentiels sur les origines et l'état présent de toutes les compagnies de mines, de gaz, d'électricité, de navigation ou de tramways, en France et à l'étranger. La seconde section fait de même pour les banques : la connaissance de leur situation exacte est des plus utiles à une société de crédit. La troisième s'occupe des chemins de fer ; la quatrième, des fonds nationaux et municipaux des divers pays. Une bibliothèque de périodiques spéciaux, méticuleusement ordonnée, complète cette organisation, grâce à laquelle de jour à jour, presque d'heure à heure, le conseil est éclairé sur la conduite à tenir.

Pour contrôler les milliers de renseignements lentement accumulés ainsi depuis un quart de siècle, l'établissement de crédit se sert de ses agences, rouages précieux d'où vient une grande part de sa force. A eux trois, le Crédit lyonnais, le Comptoir d'Escompte et la Société générale possèdent 70 bureaux de quartier dans Paris ou la banlieue, 260 agences en France et 30 succursales à l'étranger. Les banques du nouveau type ont compris que le moyen le plus efficace, pour réussir et se répandre, était d'aller chercher le client et, par les facilités offertes, de forcer dans leurs derniers retranchements l'insouciance et la routine. A la Générale revient l'honneur de cette initiative, que ses rivaux ont suivie ou perfectionnée. Ces créations ont été très onéreuses, parce qu'il faut plusieurs années pour que les recettes dépassent les frais d'exploitation. Encore est-il des agences qui ne rapportent presque rien ou qui même travaillent à perte, si l'on ne tient pas compte de leur recouvrement gratuit des effets dont elles sont chargées par la métropole. Celles-là remplissent un peu le rôle des second et troisième réseaux de nos chemins de fer, qui font gagner de l'argent aux grandes lignes en leur amenant du trafic, et qui, considérés isolément, ressortent en déficit.

Le capital nécessaire à une agence de province en marche normale est peu important : 6 à 7 pour 100 du montant des dépôts à vue et des comptes créditeurs lui suffisent. La difficulté c'est d'avoir un bon directeur; tout le succès dépend de lui. Il doit être prudent et sévère pour l'escompte du papier, actif et insinuant pour la formation de la clientèle. S'il n'a que les premières qualités, il ne fait pas d'affaires; s'il n'a que les secondes, il en fait, mais il perd de l'argent. Plusieurs fois, depuis trente ans, il a été question de l'union des banquiers des départements, en une agence centrale fondée à Paris à leur usage. C'est l'évolution inverse qui s'opère : loin d'envahir la capitale, la province est envahie par elle.

Une gravure humoristique de l'époque du Directoire représente le départ du député remplacé, gros et gras; l'arrivée du remplaçant sec et maigre. Bataille des maigres et des gras, mollesse et quiétude des satisfaits, énergie et labeur des ambitieux, n'est-ce pas la loi constante du progrès, de la vie, du monde? L'agent du Crédit lyonnais, fraîchement débarqué, et rêvant la fortune, a fait le tour de la ville pendant que l'ancien financier local demeure immobile en ses bureaux. De façon ou d'autre, soit qu'ils vendent leur maison au Comptoir d'Escompte, qui en a acquis plusieurs, soit que simplement ils liquident, les banquiers de chefs-lieux sont en train de disparaître.

Il en est qui méritent d'être regrettés. Ils ont droit à un souvenir reconnaissant, ces prêteurs héréditaires et respectables, pères des commerçants du cru, les aidant volontiers de leurs conseils, les tirant au besoin d'un mauvais pas, lançant et commanditant des jeunes gens capables et sans ressources. C'est une pièce de l'ancien mécanisme social qui se renouvelle et se transforme en un mécanisme plus dur, plus banal et plus parfait. Le vice de ces maisons patriarcales et chancelantes était de majorer inconsciemment le taux de l'intérêt. Elles achetaient l'argent des dépôts jusqu'à 6 pour 100 et le vendaient 10 à 12 pour 100 à l'épicier, au marchand de tissus ou de meubles. Le crédit obtenu à ce prix soutient aujourd'hui le commerçant qui y recourt, comme la corde soutient le pendu. Les bénéfices généraux du négoce de détail ne permettent plus de payer de pareils taux, sans aller à la faillite par une route semée de fleurs. Or le plus clair des gains du petit banquier n'avait pas d'autre source. J'ai sous les yeux le résumé sincère des opérations de l'un d'eux. Son bénéfice annuel s'élève à 19 500 francs, ainsi répartis : escompte de papier essentiellement commercial, 4000 francs; coupons, ordres de bourses et profits divers, 2000 francs; *agio de papier de crédit*, 13 500 francs. Ce papier-là n'est pas autre chose qu'une série d'emprunts déguisés, à des conditions qui semblent maintenant usuraires.

Les agences établies à l'étranger par les diverses sociétés ne sont pas seulement une opération économique, elles ont le caractère et les résultats d'une entreprise presque nationale. Le champ étant plus vaste, la concurrence qu'elles s'y font est moins grande. Au Comptoir d'Escompte appartiennent les relations avec les pays lointains et les colonies françaises; au Crédit lyonnais l'Europe, l'Égypte et l'Algérie. Pendant vingt-cinq ans, la banque officielle d'Alger a maintenu pour l'escompte le taux de 6 pour 100; à l'arrivée du Crédit lyonnais l'intérêt est tombé brusquement à 4 pour 100. En Russie, le bilan réuni des trois succursales que ce dernier établissement possède à Pétersbourg, Moscou et Odessa, s'élève à 62 millions de francs. Les capitaux sont en majorité français, puisque la maison centrale est créancière de ses agences russes d'une somme de 40 millions.

Toutes les agences nouvelles travaillent ainsi, pendant la première période de leur développement, avec l'argent de la métropole; peu à peu elles se suffisent et se contentent de son appui moral. C'est le cas par exemple de l'agence de Madrid, devenue aujourd'hui la plus forte banque privée de la Péninsule, qui donne chaque année aux actionnaires du Lyonnais 3 à 400 000 francs de bénéfices nets. Depuis sa fondation, il y a dix-huit ans, jusqu'à la mise en vigueur des nouveaux tarifs de douanes, cette agence avait contribué à accroître le mouvement commercial hispano-français. Elle a développé aussi le crédit en Espagne, où il n'existe pas de marché libre de l'escompte, et où les banquiers auraient cru naguère s'amoindrir dans l'opinion en pratiquant le réescompte de leurs effets à la Banque d'État; comme s'il n'était pas aussi normal, pour une banque, d'emprunter et de prêter, que de respirer et d'aspirer pour le corps humain. Soutenue d'abord par les fonds parisiens, elle vole à présent de ses propres ailes, appuyée d'une part sur la Banque d'Espagne, qu'unit à elle le souvenir de services rendus par l'établissement du boulevard des Italiens, d'autre part sur des dépôts locaux d'environ 7 millions de pesetas. Elle est si sagement conduite que, sur un mouvement annuel de caisse d'environ 800 millions, ses pertes, par suite d'effets impayés, ne dépassent pas une douzaine de mille francs.

Dans les pays d'outre-mer, l'action de l'établissement de crédit est d'une portée plus haute encore. Il est, dans l'ordre matériel, le propagateur de l'influence française, que le missionnaire développe dans l'ordre moral. Sur ces confins de la civilisation, en ces terres toutes neuves où nous avons tant d'intérêts à protéger, tant de territoires à faire fructifier, l'ancien Comptoir d'Escompte avait jeté les fondements de postes avancés, que le directeur du Comptoir actuel, M. Rostang, servi par sa propre expérience, a su fortifier et accroître.

On ne connaissait jadis, dans tout l'Extrême-Orient, d'autre étalon international que la livre sterling. Le Comptoir a permis de tirer sur Paris et a diminué l'*usance*, le délai, des traites sur l'Europe. Seule maison française établie en Chine, il fait à Shanghaï des opérations sur les soies destinées à Lyon et possède à Han-Kou, pendant la saison du thé, la clientèle presque exclusive des grands exportateurs russes. Nos relations avec les indigènes, qui s'étendent sans cesse par le trafic, exigent de gros capitaux, beaucoup de finesse — très avisés, les Chinois cherchent à profiter des rivalités politiques entre Occidentaux pour les induire à traiter des affaires à perte, — et souvent une bonne dose d'énergie. M. Vouillemont, directeur de l'agence de Shanghaï, victime d'un vol concerté entre son caissier et son comptable, deux *natifs*, n'hésite pas à fréter un vapeur pour courir après les coupables, qui s'étaient sauvés dans une grande barque. Il les rejoint en pleine mer, et, lorsqu'il aborde leur bateau, il aperçoit, gisant au fond, à côté de son coffre, les corps des deux fugitifs, qui, désespérés, venaient de se donner la mort.

Il n'est pas mauvais, dans ces régions, de faire ainsi sa police soi-même. A Madagascar, le seul moyen efficace pour obtenir le paiement d'un mauvais débiteur est de l'enfermer chez soi et de le priver de nourriture. L'histoire des agences du Comptoir d'Escompte à Tananarive et à Tamatave, chargées depuis 1886 d'encaisser les intérêts de l'emprunt de 15 millions fait par le gouvernement malgache, c'est l'histoire même de nos rapports avec les Hovas durant les huit dernières années. Chaque lettre des directeurs de ces agences, adressée au siège social de Paris, apportait le récit de quelque nouveau tour joué par ce premier ministre, qui ne recula devant aucune audace, y compris celle d'épouser successivement trois reines — dont les deux dernières à la fleur de l'âge, — quoiqu'il eût lui-même soixante-cinq ans. Un négociant du pays, jouissant d'une fortune considérable, jugea l'an dernier avantageux de faire banqueroute. Des fonctionnaires malgaches se mirent à son service et l'aidèrent à soustraire à ses créanciers la totalité de son actif. Le premier ministre, pressé par notre résident général et sur les plaintes réitérées des agents du Comptoir, consentit enfin à ordonner une enquête... et en chargea précisément les fonctionnaires complices du voleur! On apprendra sans étonnement que l'enquête n'aboutit pas [1].

De pareilles mésaventures ne sont pas à redouter là où existe un pouvoir régulier; mais les agences de Bombay et de Calcutta ont à lutter contre les fluctuations de cours du métal argent, contre le papier véreux dont les Parsis excellent à se défaire. Si les créations faites par le Comptoir à Melbourne et à Sydney nous ont facilité le commerce direct des laines et des suifs avec l'Australie, si l'escompte des traites *documentées* à destination de nos manufactures de Roubaix et de Reims y procure d'assez bons bénéfices, les risques aussi sont considérables.

1. Ces lignes étaient écrites au mois de janvier 1895.

Livrés à leur propre initiative, résidant en des climats peu cléments parfois aux Européens, tenus à un train de vie onéreux que le rôle de représentants uniques de la mère patrie leur impose, les directeurs des succursales exotiques sont assez largement remunérés : leurs traitements annuels varient de 15 000 à 50 000 francs. Leurs collègues des départements français, quoique moins bien partagés, touchent, en sus de leurs appointements fixes, une commission de 10 pour 100 sur leurs chiffres d'affaires. Quelques-uns se font ainsi jusqu'à 30 000 francs; la plupart reçoivent en moyenne une douzaine de mille francs.

Mais, sauf ces postes de confiance en province, que la concurrence des diverses sociétés a rendus plus lucratifs, parce qu'elles se sont disputé les unes aux autres les sujets capables; sauf quelques personnalités placées à Paris à la tête des principaux services, la masse des petits employés de banque est peu rétribuée. L'institution des établissements de crédit n'a eu que fort peu d'influence sur la condition de cette classe de salariés bourgeois, à laquelle ses vertus modestes n'assurent qu'une existence bien étroite, moins enviable que celle de beaucoup d'ouvriers manuels. Leur avenir n'est pas mieux assuré, car il n'existe aucune caisse de retraites dans les maisons que nous avons étudiées.

La plus importante dispose, à Paris, d'un personnel de 3000 individus des deux sexes, sur lesquels une centaine au plus a notablement profité de la révolution opérée dans la banque. Les autres y ont peu ou point gagné. Peut-être devrait-on faire une exception pour les femmes, qui forment à peu près le dixième de l'effectif ci-dessus, et qui gagnent en moyenne 125 francs par mois. Sur 100 femmes employées dans les sociétés de crédit, on compte environ 70 jeunes filles, dont beaucoup démissionnent en se mariant, 20 femmes mariées et 10 veuves. Celles-là, lorsqu'elles n'ont pas d'autres ressources, sont les moins heureuses. Aucune d'ailleurs ne l'est autant — sous le rapport des appointements — que les vendeuses de la nouveauté; mais elles sont plus haut placées sur ce qu'on nomme « l'échelle sociale », et, dans notre démocratie, cette hauteur se paye... parce qu'elle correspond à un profit moindre.

Les grandes banques peuvent aussi répondre que, si elles se montrent peu prodigues envers ces commis et *commises*, méritants et dévoués pour la plupart, c'est qu'il n'est pas en leur pouvoir de faire des largesses. Leurs bénéfices à elles-mêmes sont très restreints. Le conseil du Lyonnais, dans un de ses rapports, estimait en principe à 40 pour 100 des recettes brutes le montant des frais d'exploitation, pour une société financière bien administrée. Cette proportion a cessé d'être exacte : elle est de 43 pour 100 à la Banque de France, de 45 pour 100 au Comptoir d'Escompte, et de 54 pour 100 à la Société générale.

Sur 39 millions de recettes brutes, la Banque de France a 17 millions de dépenses; le Comptoir a 3 175 000 francs de frais pour 7 200 000 francs de recettes; la Générale reçoit 6 700 000, et dépense 3 600 000 francs. Une très grande part des frais généraux — le quart environ — est absorbée par l'impôt, qui, sous des formes diverses, a, depuis vingt-cinq ans, augmenté de 600 pour 100 les charges de cette branche d'industrie. La loi nouvelle des patentes représente à elle seule 300 francs par tête d'employé. Par suite, le dividende annuel distribué aux actionnaires de ces sociétés est peu en rapport avec les risques.

Le progrès de l'épargne et la libre concurrence ont ici réalisé ce prodige : que l'argent du capitaliste s'aventure volontairement et travaille, presque pour le seul profit du public.

CHAPITRE V

LE TRAVAIL DES VINS

I

Les vins d'autrefois.

Le vin est-il un « produit fabriqué » ? — Science vinicole. — Falsifications chez les Romains, au moyen âge et aux temps modernes. — Marchands de vins brûlés vifs. — Les *coupages* sous Jean sans Peur. — La « courte pinte ». — Le mouillage au XVIIe siècle. — Vin nouveau toujours plus cher que le vieux. — Mise en bouteilles inconnue. — Tous les grands crus sont modernes. — Défense de servir du bordeaux. — Vignes du quartier latin. — *Tord-boyau* du Cotentin. — Bon marché désastreux. — « Le contentement ne gît pas en l'abondance. » — Émigration contemporaine de la vigne vers le Midi.

De toutes nos boissons, la nature, livrée à elle-même, ne nous en fournit pas d'autre que l'eau. Est-ce à dire que le vin soit, comme l'affirmait M. Berthelot à la tribune du Sénat, « un produit artificiel » ; et l'administration française des douanes a-t-elle raison de le classer, dans le tableau du commerce général, parmi les « objets fabriqués »? La distinction est assez épineuse.

Si l'on réserve en effet la qualification de « naturelles » aux marchandises qui n'ont subi aucune manipulation ou transformation quelconque, il ne s'en trouvera qu'un très petit nombre; mais si l'on entend n'appliquer l'épithète d'« artificiels » qu'aux produits créés *de toutes pièces* par le génie humain, il ne s'en trouvera pas un seul. Les fleurs même, d'étoffe ou de papier, qui poussent entre les doigts des ouvrières, exigent une matière fournie par « la nature », et demandent sans doute moins d'« artifice » que la culture en serre chaude d'une orchidée de 3000 francs. En admettant que le raisin soit un produit naturel — ce qui ne serait rigoureusement exact que pour la vigne, non greffée j'imagine, de Noé, — le vin est vraiment une création de l'homme. Il doit presque toute sa valeur au travail dont il est l'objet. Résultat de la civilisation, il a prospéré avec elle et par elle.

Cette expression de « travail des vins », que l'on entend d'ordinaire en mauvaise part lorsqu'elle suppose une falsification nuisible, doit être prise ici dans son acception la plus vaste, comme synonyme du rôle de l'industrie moderne dans l'accroissement, dans l'amélioration du jus de la vigne. Il n'est certes pas possible de créer, sur n'importe quel point du globe, une manufacture de vins comme on y pourrait établir une manufacture de tissus. Mais, en comparant le nombre énorme de territoires dont le climat conviendrait à la vigne, au nombre très restreint des pays où se récolte le bon vin — comme en examinant d'autre part les révolutions dont les siècles antérieurs nous offrent le spectacle dans la renommée des différents crus, — il est aisé de se convaincre que la vogue des vignobles privilégiés tient pour beaucoup au talent de leurs propriétaires, ou des marchands par l'entremise desquels les récoltes sont livrées au public. La science vinicole dont je m'occupe a largement profité des découvertes récentes, depuis les premières années de ce siècle où Chaptal publiait son *Art de faire le vin* : à plus forte raison a-t-elle progressé depuis l'antiquité ou le moyen âge.

S'il y a des milliers d'années que l'on travaille les vins, il n'y a pas très longtemps que l'on sait exécuter ce travail avec méthode et intelligence. A ces époques candides où la chimie n'existait pas, et où l'on se figure les vins ingénument livrés à la consommation dans un état idéal de pureté, les vendeurs mélangeaient au jus du raisin une foule d'ingrédients plus ou moins bizarres : les vins grecs étaient additionnés de chaux, de gypse, de poix, de miel, d'aromates et... d'eau de mer. Le prétexte en était, bien entendu, de les conserver ou de les rendre meilleurs. Pendant des siècles, en effet, les vins ont été mauvais, et il s'en est perdu des quantités prodigieuses. Ajoutons que, pour trouver ces pratiques de vinification qui nous semblent aujourd'hui les plus vulgaires du monde, il a fallu bien des tâtonnements et des efforts. Pas plus pour le vin que pour l'homme, l'état primitif n'a été celui de toutes les vertus. Ce liquide avait au contraire nombre de mauvais instincts ou de défaillances, que l'éducation a dû combattre et corriger. Dans la Rome impériale on plâtrait, on soufrait les vins; on y mélangeait de la poussière de marbre. Caton recommande d'y introduire en certains cas du sel, de la résine ou de la craie. Ces boissons, malgré tout, n'étaient pas parfaites, puisque l'on fabriquait des pseudo « vins grecs » en Italie. En cherchant bien, on découvrirait que la contrefaçon est d'origine préhistorique.

Le *Ménagier de Paris* enseigne, en 1393, « si le vin est *pourri*, à mettre la pièce dehors, sur deux tréteaux, l'hiver. Pour peu que la gelée y frappe, il guérira. » N'est-ce pas l'embryon du procédé actuel de destruction des microbes par la réfrigération? Le même ouvrage recommande, pour améliorer le vin trop vert, d'introduire dans la barrique, par la bonde, le contenu « d'un plein panier de raisins noirs bien mûrs ». C'est une forme du sucrage. Il conseille, pour clarifier les liquides troubles, le collage au blanc d'œuf et à l'*alun* — ce dernier n'est donc pas nouveau; — et, pour adoucir les boissons aigres, l'addition de « froment bouilli et crevé ». Au XVIe siècle, en Beauce, c'était une coutume générale de mettre du beurre frais dans le vin nouveau, pour le conserver, « de peur qu'il ne s'en allât à bouillir ». Plusieurs de ces pratiques subsistaient encore il y a cent ans. En 1772, on corrigeait l'aigreur de certains vins avec des graines de paradis et de la cannelle. Des vinaigriers avaient l'habitude de faire entrer dans Paris des vins déjà aigris, dont ils masquaient temporairement l'acidité afin de les vendre comme bons.

Ainsi le commerce ne reculait pas devant des fraudes que d'aucuns s'accordent à croire toutes modernes ; au contraire, la sophistication remonte aux dates les plus reculées; elle était seulement autrefois plus grossière ou plus dangereuse que de nos jours. On droguait les vins sous Louis XVI avec l'alcali et la litharge. Des lettres patentes de 1785 défendent d'insinuer dans les boissons une mixture de plomb ou de cuivre. L'adultération des liquides était courante dès le XVe siècle, où les poètes appelaient les foudres de l'Olympe sur les infâmes taverniers qui leur servaient, sous le nom de vins naturels, d'abominables compositions. Un arrêté municipal de Strasbourg édicte en 1300 le bannissement de la ville, pour un mois, de tous ceux qui médicamentent le vin avec de la chaux, du sel ou de l'*eau-de-vie*. Ainsi l'alcoolisation, proscrite par une loi du printemps dernier, était dès lors en usage.

En Flandre, à la fin du XVIe siècle, on menace de peines terribles les marchands qui frelatent le vin en y mêlant de la couperose, du mercure, de la calamine. Le coupable devait être brûlé vif sur le tonneau renfermant le vin falsifié. Deux colporteurs furent, pour de semblables délits, suppliciés en 1456 à Nuremberg. La rigueur de ces châtiments laisse supposer, ou que le mal avait de profondes racines, ou que la santé publique en avait gravement souffert ; puisque les boulangers fraudeurs n'étaient sujets, dans la même ville, qu'à une répression beaucoup plus douce : on les liait dans une corbeille attachée au bout d'une perche, que l'on plongeait plusieurs fois dans une mare.

L'art des coupages n'était pas ignoré : les Bourguignons, au temps de Jean sans Peur, lorsque leur récolte était mauvaise, ne vendaient leurs produits à Dijon qu'après les avoir mélangés « avec portion de gros vins », pour leur donner de la valeur. A leur tour les hôteliers de Picardie, « pour leur profit et contre le bien de la chose publique », mêlent au vin de Beaune des liquides du « pays de Somme ». Ils coupent aussi, avec le jus des vignes d'Amiens, les vins d'Alicante, Rozette et autres « vins de mer ». Les habitants de La Chalosse, dans les Landes, dont les crus étaient, d'après un document du temps de Henri IV, « des meilleurs de toute la Guyenne », se plaignent fort que leurs voisins les falsifient en les mêlant avec du *piquetout* d'Armagnac. Le lieutenant de police de la capitale condamnait, en 1736, des négociants qui vendaient, comme jus de raisin, des vins blancs mariés dans leurs futailles avec une égale dose de poiré. On ne s'en tenait pas à de simples mésalliances de boissons renommées avec des liquides obscurs; les cabaretiers, sous Louis XIII, faisaient « la courte pinte », et n'avaient pas la sincérité, comme plusieurs débitants d'aujourd'hui, de prévenir le public par une affiche qu'ils ne garantissent pas la capacité de leurs flacons, que « leurs litres ne contiennent pas le litre ».

Beaucoup aussi, au XVII siècle, « mettaient de l'eau à leur tonneau ». Le mouillage n'est donc pas sans aïeux. Un opuscule de 1786 se plaint des marchands dont les trois qualités, à dix, douze et quinze sols la pinte, ne représentent qu'un seul et même vin; « il n'y a que le plus ou moins d'eau qui fait la différence ». D'autres, moins scrupuleux, ajoutaient du vinaigre à une solution aqueuse de bois de teinture, et dénommaient cette boisson « vin des vignerons d'alentour », — ce que nous appellerions du Suresnes ou de l'Argenteuil.

Ces falsifications, on l'a vu plus haut, n'étaient pas particulières à la France : Deshayes de Courmenin, notre agent en Danemark au temps de la guerre de Trente ans, gémissait sur les vins en usage dans ce royaume, additionnés « de chaux et d'épiceries qui font mal à la tête ». Pour se préserver des préparations que les marchands anglais faisaient subir aux vins de Portugal, auxquels ils ajoutaient du poivre, du sucre et des baies de sureau, le marquis de Pombal, au siècle dernier, concéda un monopole de vente à la « Compagnie générale des vignes du Haut-Douro », laquelle à son tour crut devoir mêler à ses vins quantité d'alcool, obtenu par la distillation de produits inférieurs, et mécontenta sa clientèle de la Grande-Bretagne.

La fraude, le mauvais tripotage des vins, ne datent donc pas d'hier. La plupart des tentatives qui ont été faites dans le passé, les recherches empiriques ayant en vue l'amélioration d'une boisson — dont l'usage était alors universellement répandu dans les provinces mêmes où l'on boit aujourd'hui du cidre ou de la bière, — avaient pour cause le prix élevé des bons vins et la mauvaise qualité des vins ordinaires. Comme il est acquis à la science que le climat n'a pas varié depuis deux mille ans en Europe, que par suite la température ne s'est nullement abaissée, ainsi qu'on l'a quelquefois prétendu, il est aisé de conclure que le raisin récolté en Normandie, en Picardie, en Ile-de-France, n'atteignait qu'à une maturité imparfaite et ne produisait qu'un liquide peu sucré, partant peu alcoolique, susceptible de tourner très vite à l'aigre, et en tout cas incapable de se conserver.

C'est pour ce motif qu'au rebours de ce que nous voyons maintenant, le vin nouveau était toujours plus haut coté que le vin vieux. Ces petits vins, dénués des éléments nécessaires à la solidité, avaient terminé leur fermentation au bout de quelques semaines : il fallait les absorber « tout chauds », suivant l'expression paysanne, c'est-à-dire avant que l'acide acétique y eût fait trop de ravages. On mettait les futailles en perce lorsque le vin avait encore une saveur sucrée, et lorsqu'on les terminait, au moment de la récolte suivante, le breuvage commençait à piquer.

L'usage de boire le vin à la pièce était général. Personne, pas même les seigneurs et les rois, ne mettait au moyen âge son vin en bouteilles pour l'y faire vieillir et améliorer — les bouteilles, du reste, furent très chères jusqu'à nos jours. — C'était un raffinement auquel on n'avait recours que pour certains crus très renommés, pour ces « vins d'honneur » dont les municipalités offraient en pompe un ou deux « flacons » aux notabilités de passage. Encore ces flacons renfermaient-ils le plus souvent des vins de liqueur, la plupart de provenance étrangère : Chypre ou Malvoisie. Parfois on versait du miel dans les boissons qui menaçaient de se perdre ; ou bien on les consommait sous forme de soupe, à titre d'aliment tonique.

Cette incapacité à produire de bons vins, qui était le partage de beaucoup de nos provinces où l'on a renoncé à en faire, et de certaines autres où l'on en fait encore, bien qu'il n'y soit pas exquis, cette incapacité n'aurait pas dû s'appliquer aux régions du Midi ayant pour elles le soleil. Mais il ne suffit pas du climat pour obtenir des jus de qualité supérieure; il faut aussi une sorte d'éducation des cépages et plus encore une éducation du fabricant. Le choix du terrain vraiment propice exige de longues recherches, et c'est au hasard souvent que l'on doit de l'avoir découvert. Ainsi tous les grands crus d'aujourd'hui sont modernes, et tous les grands crus d'autrefois sont tombés dans le néant. *Ceci a tué cela*... Lorsque le vin de Rebrechier, près d'Orléans, faisait au XIe siècle les délices du roi Henri Ier, le « Clos Vougeot » futur n'était encore qu'une terre labourable, dont deux hectares furent en 1116 affermés 20 francs de notre monnaie, « à la charge d'y planter des vignes ». Le cru auvergnat de Saint-Pourçain fut l'un des plus en vogue au XIVe siècle. Il passait souvent avant le vin de Bourgogne. Combien de gens, même en Auvergne ou en Bourbonnais, connaissent aujourd'hui son nom? On en peut dire autant du vin de Château-Chalon en Franche-Comté, d'un vin de Plaisance, que jadis nous importions à grands frais d'Italie et dont il n'est demeuré aucune trace. Et que de changements même depuis deux cents ans! Sous Henri IV, les vins du Laonnais se vendaient plus chers que les vins de Reims. Du vin de Canteperdrix, dont parle avec admiration Martin Lister, lors de son voyage à Paris sous Louis XIV, c'est à peine si dans son pays d'origine, le Tarn-et-Garonne, on a conservé mémoire. L'on sait enfin combien est récent le succès des vins de Bordeaux. Le marché du pourvoyeur de la duchesse de Bourgogne, en 1697, porte que celui-ci ne devra fournir, « pour la personne de ladite dame, d'autre vin que du français — c'est-à-dire de l'Ile-de-France, — sans même qu'il en puisse donner d'Orléans, *ni de Gascogne*, en quelques lieux que ladite dame puisse aller ». Même défense de fournir des produits du Bordelais sur la table de la reine, dans les marchés passés en 1747, en 1763.

Je suis toutefois porté à croire que les variations du goût sont plus apparentes que réelles. Si les gens du Nord se sont longtemps contentés de leur vin, ç'a été faute de mieux. Parlant de vignes sises sur l'emplacement actuel des jardins du Luxembourg, on dit en 1425 qu'elles rendent peu et que le peu qu'elles donnent n'est pas bon ; « mais est très petit (très faible) et a un moult étrange goût ; les buveurs à qui on le faisait priser disant que si on le gardait guères il deviendrait puant, qu'il le fallait boire de suite ». Beaucoup de vignobles dans la région ne valaient pas mieux. Nos pères ne se faisaient pas d'illusions sur leur médiocrité. Ils n'épargnaient pas les quolibets aux vins picards et au *tord-boyau* du Cotentin. Les habitants de l'Ouest recherchaient les crus des environs de Paris, qui sans doute étaient plus buvables, et les Parisiens aisés faisaient venir leur vin de la Bourgogne.

Quoiqu'il fût de règle, en chaque territoire, de défendre dans l'intérêt des producteurs d'importer du vin étranger, et que, d'autre part, l'intérêt des consommateurs ait fait prohiber aussi l'exportation des vins du cru, ce n'étaient pas tant les entraves du législateur que les difficultés du transport qui empêchaient autrefois le vin de circuler. Les voies fluviales n'étaient utilisables que dans le sens de la descente. Aux routes de terre il ne fallait pas penser. Ceux-là seuls commerçaient volontiers ensemble qu'un voisinage maritime mettait en communication. C'est pourquoi, au XVIIe siècle encore, les vins de Bordeaux allaient en Angleterre, et les vins de Languedoc allaient en Italie.

Le privilège de la position primait donc la qualité du vignoble. L'effort des propriétaires a dû se porter de préférence sur les terroirs faciles à exploiter. Beaucoup de clos excellents n'ont été plantés que fort tard et, s'ils n'ont pas été appréciés dans des siècles reculés, c'est tout simplement qu'ils n'existaient pas. Si l'on faisait une histoire de la viticulture française — ce qui demanderait un volume et ne rentre d'ailleurs que très indirectement dans le sujet que je prétends traiter ici, — on verrait par combien de péripéties et d'écoles a passé le propriétaire ou le colon avant de fixer son choix sur le sol le plus avantageux. Avec des vignes presque également réparties jadis sur la totalité du territoire, l'élévation des prix compensant dans le Nord la faiblesse de la production, les vins « d'en deçà la Loire », dont l'hectolitre valut en moyenne 60 francs de notre monnaie, se trouvaient aussi rémunérateurs que ceux du Midi, dont l'extrême abondance était souvent une cause de ruine pour les possesseurs.

En Alsace, où la récolte commune n'était que de 8 à 10 hectolitres à l'hectare; sur les bords du Rhin, où la vigne poussait dans des anfractuosités de rochers — en des espèces de consoles posées au-dessus de la tête du passant, ainsi que les pots de fleurs d'une mansarde, — on n'était pas exposé, comme en Provence, à cesser de vendanger dans les grandes années, faute de vases disponibles, et à laisser perdre les raisins à la branche. On n'avait pas à souffrir de ce bon marché désastreux « qui incommodait fort », en 1600, les vignerons des Charentes et faisait dire sentencieusement au pasteur de La Rochelle que « Dieu veut par là montrer que le contentement de l'homme ne gît pas en l'abondance! » A la veille de la Révolution, l'intendant du Languedoc considérait avec effroi le phénomène de deux bonnes récoltes consécutives, parce que, disait-il, « le prix des vins sera si modique qu'il ne saurait faire face aux frais des travaux et des impositions ».

Dès cette époque cependant le mouvement d'émigration de la vigne vers le Sud se poursuivait concurremment avec le progrès des moyens de transport. Même il devançait quelque peu ce progrès, si bien que la production du raisin demeurait peu avantageuse aux Méridionaux. Ce fut surtout depuis le commencement du XIXe siècle que le vin se concentra dans les pays auxquels il était devenu vraiment profitable. Les environs de Paris se dépeuplèrent de leurs ceps. Tel arrondissement de l'Aisne où l'on comptait, en 1789, 400 arpents de vigne, n'en avait plus que 250 en 1810, 160 en 1845, et 50 en 1870. Une semblable localisation se poursuivit dans les départements du Centre et du Midi. Les vignes disparurent des cantons montagneux, froids ou pluvieux du Puy-de-Dôme, du Dauphiné, du Limousin. Par une appropriation plus judicieuse du sol, on obtint une boisson meilleure, et, par une application raisonnée des découvertes contemporaines, on apprit à en tirer un parti plus avantageux.

II

Raisin sec, sucrage et vinage.

Un litre de vin pour un verre d'eau. — Mortier délayé dans du vin. — Exorcisme des chenilles. — La *pyrale*. — Oïdium et phylloxera. — Raisins de Corinthe et de Smyrne. — Le vin de raisin sec sur les autels. — Il n'est jamais vendu seul. — Sa disparition. — Essais malheureux de sucrage. — Moûts concentrés d'Amérique. — Dénaturation du sucre. — Fraude colossale. — Mouillage. — Cinq qualités dans une barrique. — Même procédé pour le lait. — Le public veut être trompé. — Diversité des « extraits secs ». — Renaturation des alcools. — Solution pratique. — Paris ne boit que du vin ordinaire. — Taxation au degré. — Utilité du vinage.

Ces découvertes portent à la fois sur la quantité et sur la qualité des boissons. Les premières, depuis quelques années, semblent non seulement indifférentes, mais haïssables à la masse ingrate de nos concitoyens. La reconstitution du vignoble français, aujourd'hui presque achevée et à la veille de dépasser peut-être, si les plantations continuent avec trop d'ardeur, les besoins réunis de la consommation et de l'exportation; une récolte exceptionnelle brochant sur le tout, font oublier à l'opinion publique que depuis quinze ans nous avons souffert du manque de vin, et qu'il eût été bien plus sensible encore si l'on n'y avait remédié par le vinage, le sucrage, le raisin sec.

La pléthore d'aujourd'hui [1], les vins descendus un moment à 30 francs l'hectolitre en des crus honorables de Bourgogne ou du Bordelais, et à 6 francs dans les caves plus modestes de l'Hérault, nous ont enlevé tout souvenir de la disette d'hier. A peine sortons-nous d'une période où, nos futailles nationales vidées par le phylloxera, nous avons été réduits, nous, les fournisseurs du globe, à nous faire abreuver par nos voisins plus heureux; si bien que l'Espagne où le vin ordinaire, il y a trente ans, était moins estimé que l'eau, où l'on donnait souvent un litre de jus de raisin pour un verre d'eau fraîche et où l'on allait — ô Bacchus! — jusqu'à employer parfois le vin à délayer le mortier pour bâtir les maisons, s'est vue pendant quelque temps, grâce à notre exportation, à la tête d'une richesse inespérée; à peine avons-nous reconquis notre boisson ordinaire, que nous n'avons pas assez de malédictions pour ces fabricants ou ces

1. Ces lignes étaient écrites au mois d'octobre 1894. Les prévisions contenues dans ce chapitre se sont depuis lors réalisées. La récolte française de 1893, en vins de vendanges, avait été de 50 millions d'hectolitres; celle de 1894 n'a été que de 39 millions et celle de 1895 est descendue à 26 millions d'hectolitres. Par suite les prix des vins ont notablement remonté.

importateurs, en qui l'on eût été tenté, il y a sept ou huit ans, de voir des bienfaiteurs du peuple.

C'est à eux, en effet, que le populaire a dû, pendant cette cruelle période, de n'être pas soumis chez nous au régime exclusivement aquatique, pour lequel il a manifestement moins de prédilection que les sobres enfants de *tra los montes*. Que ces précieux étancheurs des gosiers peu fortunés — vins étrangers ou demi-factices — disparaissent maintenant; rien de plus naturel. C'est ce qu'ils font d'ailleurs, de plus ou moins bonne grâce, chassés par le bas prix de leurs concurrents. Mais gardons-leur un souvenir reconnaissant. Nous ne savons ce que l'avenir nous réserve et nous pouvons être forcés d'y recourir encore. Depuis un siècle seulement — sans remonter aux invasions anciennes de hannetons ou de chenilles que les curés solennellement exorcisaient et que les huissiers allaient, à son de trompe, sommer par les campagnes, au nom du roi, de déguerpir, — depuis un siècle, bien des maladies, bien des insectes nuisibles ont désolé la vigne.

Lavoisier recommandait, en 1787, pour combattre le ravage d'un ver qui avait presque détruit les vignobles champenois, la décoction de tabac et le fiel de bœuf. Plus tard, en Bourgogne, ce fut la *pyrale* que l'on arrêta par l'échaudage; puis cette sorte de rouille ou de lèpre que l'on nomma l'*oïdium*, qui fit tomber en 1854 la production à 10 ou 11 millions d'hectolitres, et dont le soufre fournit l'antidote; enfin, de concert avec le *mildew* et le *black-rot*, le *phylloxera*, plus rebelle, plus opiniâtre. Ce dernier insecte a disputé longtemps la victoire aux vignerons et l'a chèrement vendue. La moyenne annuelle de 50 millions d'hectolitres de vin produits entre 1860 et 1879, tomba de plus de moitié de 1880 à 1889. Neuf cent mille hectares de vignes, sur un peu plus de deux millions, furent stérilisés. La ruine atteignit un nombre énorme de propriétaires. Pour parer à ce déficit, pour allonger la boisson indigène, les anciens ne nous avaient transmis d'autre recette que le mouillage; c'était trop peu. Pendant que la science officielle ou privée, les associations agricoles, préconisaient et appliquaient la submersion, l'utilisation des sables, les traitements chimiques, le greffage et l'acclimatation des plants américains, l'industrie s'efforçait de créer des vins supplémentaires.

Le raisin sec, qui n'avait figuré jusqu'alors que l'un des « quatre mendiants » dans le dessert bourgeois de l'hiver, est venu remplacer le raisin frais, ou plutôt lui prêter main-forte, puisque les produits de l'un et de l'autre fraternisaient souvent — à son insu — dans le verre du petit consommateur. Les espèces les plus employées venaient de Grèce, de Turquie, d'Asie Mineure : c'étaient en première ligne les raisins de Corinthe, puis ceux de Thyra, de Smyrne, de Samos, de Vourla, etc.

Dans leurs pays, ces fruits mûrissent dès le mois de juillet, et sont ensuite étendus sur la terre où le soleil se charge de les dessécher. Ils arrivent en France, les uns égrappés, les autres encore adhérents à la grappe et renfermés dans des sacs où ils sont fortement comprimés. Avant de les employer, on commence par les nettoyer des impuretés ou des matières étrangères, cailloux, figues, dattes, auxquelles ils sont mélangés. On les introduit alors dans une première cuve, dite de trempage, où ils absorbent la quantité d'eau voulue pour reprendre le volume qu'ils avaient à l'état frais. La durée du trempage varie de 36 à 72 heures, suivant l'espèce des raisins et la température de l'eau.

Les fruits sont aussitôt après broyés au moyen d'un cylindre qui fait crever les grains sans toutefois les mettre en bouillie, et ils passent de là dans la cuve de fermentation. S'agit-il de raisins de Corinthe, on verse d'abord l'eau dans la cuve, puis on ajoute les grains, que l'on a simplement émiettés pour détruire leur adhérence. La quantité d'eau varie suivant la richesse alcoolique que l'on veut obtenir : pour fabriquer un vin titrant 10 degrés environ, il ne faut pas dépasser, par 100 kilogrammes de raisin, trois hectolitres d'eau dont la chaleur initiale doit être de 18° en été et de 22° en hiver.

Ce procédé est celui de la fermentation *sur marcs*. Dans certains cas, on pressure les raisins après le trempage, et le liquide seul est envoyé dans la cuve de fermentation. Afin d'accélérer sa transformation en vin, on ajoute quelquefois de la levure de bière haute, débarrassée, par des lavages, de l'amertume qu'elle doit au houblon. Mais le plus souvent on se dispense de recourir à des ferments étrangers, ceux que la nature répand sur la surface des grains, au moment de leur maturité, n'ayant pas perdu leur vitalité par le fait de la dessiccation. Convenablement préparé, le vin de raisins secs est une boisson saine, dans laquelle se retrouvent la plupart des matériaux constitutifs du vin naturel. Une décision récente de la sacrée Congrégation des rites autorisait les prêtres à se servir de ce liquide pour la célébration de la messe, à l'offrir au Seigneur comme « le pur fruit de la vigne ». Il diffère cependant du vin de vendange en ce que quelques-unes des substances contenues dans le fruit se sont modifiées sous l'influence de l'oxygène de l'air. Ainsi la matière colorante est devenue insoluble. Tous les vins de raisins secs sont donc, à l'état brut, incolores ou seulement jaunâtres.

Nous parlons de ces liquides au présent : nous devrions en parler au passé, parce qu'ils sont en train de disparaître. A l'époque où le prix des vins naturels les plus ordinaires s'élevait à 30 ou 40 francs l'hectolitre, le raisin de Corinthe, qui valait 35 francs les 100 kilogrammes, ou le raisin de Thyra, qui n'en valait que 26, et dont le quintal fournissait trois hectolitres de vin alcoolique ou six hectolitres de piquette, pouvaient être d'un emploi avantageux. Aussi des usines s'étaient-elles constituées en bon nombre à Paris, à Marseille et à Cette pour l'exploitation de ce produit. La fabrication monta d'année en année jusqu'à 1890, où elle dépassa 4 millions d'hectolitres; mais depuis cette époque elle n'a cessé de décroître : 1 700 000 hectolitres en 1891, 1 055 000 en 1892, et 800 000 seulement en 1893, sur lesquels la préparation familiale en représente 500 000 d'après les évaluations de la régie. Ce chiffre a baissé encore de moitié en 1895.

Les classes populaires ont continué à cuisiner leur vin, jusqu'à ce que la baisse de cette boisson au vignoble se fît sentir dans les prix de détail; mais, si beaucoup de ménages brassaient eux-mêmes du vin de raisins secs pour leur usage privé, les industriels, fabricants de ce produit, n'auraient trouvé aucun particulier qui consentît à l'acheter sous son vrai nom. Ils ne traitaient donc qu'avec des négociants en gros : or ceux-ci, depuis les dernières récoltes, ont préféré s'approvisionner de vins de raisins frais. D'après les registres de l'octroi, que la loi oblige à tenir une comptabilité séparée pour les différents vins, selon leur nature, il était entré dans Paris, en 1891, 270 000 hectolitres de vin de raisins secs; il n'en a été introduit que 95 000 en 1893. Il y a trois ans on comptait 113 fabriques; ce chiffre décroît à 62 l'année suivante, et à 49 l'année dernière. Il n'en subsiste plus aujourd'hui que 18. Le vin de raisins secs a vécu. Ce liquide, qu'un député du Midi n'hésitait pas à comparer devant la Chambre, dans une image tout à fait hardie, « à une épée de Damoclès suspendue *sur la tête* des vins naturels », n'a pas attendu que le Parlement l'ait frappé d'un droit de douane de 100 à 140 pour 100 de sa valeur — 36 francs les 100 kilogrammes au tarif minimum.

Il en est de même pour toutes les boissons que les représentants de la viticulture pourchassent aujourd'hui, après en avoir eux-mêmes encouragé la production : par exemple, du vin de sucre. Lorsqu'au moment de la récolte les raisins n'ont pas atteint le degré de maturité désirable et ne fournissent par conséquent qu'un vin médiocre, on y remédie par le sucrage ou *chaptalisation*, du nom de Chaptal qui, le premier, a préconisé cette méthode. Après avoir reconnu, au moyen de l'aréomètre qui indique la densité du moût, la richesse alcoolique de son vin, le producteur relève le titre futur en ajoutant, pour obtenir un degré d'alcool, 1700 grammes de sucre par hectolitre de liquide. Le sucre, qui doit toujours être du raffiné ou du cristallisé blanc, à peu près chimiquement pur, se transforme par la fermentation. Les premiers essais avaient été faits en Bourgogne, avec des glucoses de fécule qui, à cause de leurs impuretés, communiquaient au vin une saveur amère. Le procédé était tombé par suite dans un grand discrédit. Il n'a été remis en pratique que depuis 1880, surtout depuis l'abaissement de l'impôt consenti, en 1885, aux sucres employés à l'amélioration des vins spéciaux. C'est là un de ces progrès scientifiques qui ont pour effet d'augmenter la qualité des boissons dans une proportion plus forte qu'ils n'augmentent leur prix de revient. C'est un gain social.

La fabrication des vins de sucre en fut un autre à son heure, puisqu'elle servit à pallier l'insuffisance des récoltes. Partant de cette donnée que les divers éléments du vin, autres que l'eau et le sucre, se trouvent dans la vendange en quantités bien supérieures à celles qui peuvent être dissoutes pendant la fermentation, on s'est aperçu que, pour reproduire un liquide jouissant des mêmes propriétés que le vin, il suffit, après soutirage du produit de la pressuration — du « vin de goutte », — de restituer au résidu l'eau et le sucre dans la mesure voulue. On obtient ainsi une seconde, voire une troisième cuvée, en versant sur les marcs une quantité d'eau, égale à celle du vin soutiré, additionnée de 17 kilogrammes de sucre par hectolitre de boisson que l'on veut porter à 10 degrés d'alcool. Le sucre de betterave ou de canne (saccharose) n'étant pas directement fermentescible et les acides contenus dans les moûts ne parvenant pas toujours à le transformer, à « l'invertir » complètement, les viticulteurs prudents prennent soin, pour facilité l'*inversion*, de faire chauffer cette eau sucrée avec une petite quantité d'acide tartrique.

Un vin d'origine plus récente, supérieur aux précédents, mais dont l'usage ne s'est pas développé en France par suite de la tarification douanière, est celui qui provient des *moûts concentrés*. Pour la fabrication de ce produit, le jus est conduit, au sortir du pressoir, dans de grands cylindres où des pompes pneumatiques font le vide jusqu'à ce que le degré de raréfaction de l'air indique 67 centimètres à l'échelle mercurielle. A l'intérieur des appareils passent des serpentins de vapeur, destinés à chauffer le moût qu'un malaxeur met en mouvement, afin d'égaliser la température de la masse. Dans le vide ainsi obtenu, l'ébullition se produit entre 30 et 45 degrés centigrades. Le moût peut être concentré jusqu'à contenir 72 à 80 pour 100 de sucre. On restitue alors à cette espèce de sirop les pulpes et les pépins des fruits que l'on avait extraits par un filtrage préalable, et on le met en fûts pour l'expédition. L'Amérique tient jusqu'ici la tête dans cette branche de commerce. Une seule usine, établie en Californie il y a sept ans, importe en Angleterre 4 à 500 000 kilogrammes par an de cet extrait de raisin, connu sous le nom de *preservated grape juice*. Le moût concentré sert ou à améliorer des vins faibles, ou à fabriquer du vin de toutes pièces au moyen d'une simple addition d'eau, qui rend aux ferments endormis dans le sucre en excès, leur activité naturelle. Un hectolitre de moût concentré à 80 pour 100, dont le poids est d'environ 125 kilog., produit sept hectolitres de vin d'une force alcoolique de 8 degrés.

Quant aux vins de sucre, différant peu du vin naturel auquel ils étaient le plus souvent mélangés, et coûtant beaucoup moins cher, puisque les 17 kilog. de sucre nécessaires à un vin de 10 degrés ne revenaient en général qu'à une dizaine de francs, ils prirent un rapide essor dans les pays viticoles, et la production annuelle s'enrichit ainsi d'environ trois millions d'hectolires; — si nous admettons que les quantités de sucre, bénéficiant de la taxe réduite, aient été intégralement employées au sucrage des vendanges.

Car le fait n'est pas certain; et c'est pourquoi l'administration des contributions indirectes, gardienne fidèle des droits du Trésor, a toujours vu le sucrage d'assez mauvais œil. La loi de 1884 ayant accordé une remise de trois cinquièmes de l'impôt aux sucres convertis en vin, sous la condition qu'ils fussent dénaturés de manière à ne pouvoir servir à autre chose, la chimie officielle se mit en quête d'un procédé qui rendît le sucre impropre à la consommation et qui pourtant ne lui enlevât aucune des qualités que la viticulture se flattait de trouver en lui, qui surtout ne lui communiquât aucun goût désagréable.

On sait que de semblables détériorations sont la rançon de franchises, totales ou partielles, accordées à diverses marchandises soumises aux droits. C'est ainsi que le sel, frappé d'un impôt de 10 francs par 100 kilos, alors que sa valeur vénale est de 3 fr. 50, ou encore l'alcool, grevé de contributions nationales ou municipales qui varient, par hectolitre, de 156 francs dans les campagnes jusqu'à 267 francs à Paris, tandis que son prix commercial ne dépasse guère 45 francs, jouissent, lorsqu'ils ont été dénaturés de manière à ne plus pouvoir être absorbés par les hommes, d'exonérations qui profitent à l'agriculture ou à l'industrie. Pour le sucre destiné aux vendanges, l'ingéniosité des savants se trouva en défaut; un an se passa en recherches vaines : on ne découvrit aucune altération efficace; et le fisc, pressé par les viticulteurs d'appliquer la loi, dut se contenter, comme moyen de contrôle, de faire verser le sucre dans les moûts en présence des agents de la régie.

La prime à la fraude était considérable : l'impôt de 60 francs, par quintal vendu chez les épiciers, étant abaissé à 24 francs pour le sucre livré aux vignerons, il suffisait à un intermédiaire indélicat de détourner 100 kilos de leur emploi vinicole pour se procurer un gain illicite de 36 francs. L'administration découvrit ainsi, il y a quelques années, une fraude colossale — elle ne s'élevait pas à moins de 900 000 francs, — commise à son préjudice par un courtier de Paris, qui fut condamné par contumace. Le Trésor finit par rentrer dans son dû; mais un négociant honnête, qui avait imprudemment cautionné l'auteur de ces expéditions fictives, fut ruiné.

Le gouvernement se préoccupe aujourd'hui de restreindre les faveurs accordées au sucrage; mais les vins de sucre n'attendent pas qu'on les proscrive : discrètement, ils s'éclipsent d'eux-mêmes à mesure que leur présence cesse d'être utile. La quantité fabriquée en 1892 n'avait plus été que de 2 700 000 hectolitres : elle est tombée à 1 600 000 hectolitres en 1893. Depuis 1894, on calcule que le sucrage s'est encore réduit[1]. Aux entrées de Paris il a été déclaré, en 1891, 200 000 hectolitres de vins sucrés; en 1892, 117 000 hectolitres, et en 1893, *douze cents* hectolitres seulement. La subite faiblesse de ce dernier chiffre provient peut-être de l'impuissance où se trouve le législateur, en présence des nombreux ricochets commerciaux du vin, d'obliger les vendeurs à faire connaître à la régie la nature exacte de leurs marchandises.

La loi récemment votée pour punir le mouillage et l'alcoolisation, deux autres formes du travail des vins, ne sera pas sans doute beaucoup plus

1. Il était tombé à 1 100 000 hectolitres. La mauvaise récolte de l'an dernier l'a fait un peu remonter.

efficace. Le mouillage est le mode le plus économique, le plus élémentaire et par conséquent le plus ancien, comme je l'ai dit plus haut, de multiplication du liquide. Il est d'ailleurs inoffensif et n'a de conséquence fâcheuse, ni pour l'hygiène, ni pour la bourse des consommateurs. C'est pourquoi une minorité imposante, dans les Chambres, s'est refusée à le frapper de pénalités rigoureuses, surtout lorsque ce baptême du vin est connu des acheteurs. Or il ne peut en être ignoré. Dans la plupart des cabarets sont apposées des affiches, rédigées à peu près en ces termes : « Vin pur : 1 franc. — Tous les vins vendus au-dessous sont mouillés sans garantie de proportion. » Plusieurs débitants font suivre cette déclaration des mots : « Loi Griffe » ; ce qui ressemble fort à de l'ironie. Quelques-uns ajoutent cette mention : « Toutes les liqueurs sont de fantaisie. »

Obligatoire en vertu de la loi, la confession du mouillage s'allie du reste avec les nécessités de la réclame qui pousse tout marchand à vanter ses produits. A la devanture d'un épicier parisien, qui offre une boisson à 35 centimes le litre, s'étale la pancarte alléchante que voici : « Pas d'intermédiaire entre le propriétaire et le consommateur. — Excellent vin garanti de raisin frais. » A l'intérieur du même magasin, autre affiche : « Tous les vins vendus ici sont additionnés d'eau. » Le public au fond sait parfaitement à quoi s'en tenir, soit qu'il s'adresse au petit débit où les cinq qualités, correspondant à cinq valeurs différentes, sont contenues en une seule et même barrique d'un vin à 14 degrés que le propriétaire coupe, selon le prix demandé, d'un cinquième, d'un quart ou de moitié d'eau ; soit qu'il pénètre dans l'épicerie élégante, où, ce mélange étant fait préalablement sur une plus grande échelle, le client est admis à remplir son litre aux robinets argentés des tonneaux vernis.

Il ne serait pas possible en effet de vendre pour 35 ou 40 centimes le litre, au détail, un vin qui aurait payé 19 centimes d'octroi et d'entrée, 6 à 7 centimes de transport, tant pour le fût plein à l'aller, que pour le fût vide, au retour, puisqu'il ne resterait, en ce cas, que 9 centimes pour le prix de la marchandise au vignoble, les déchets de route, les frais généraux et... les bénéfices du marchand. L'acheteur toutefois, par une innocente manie, aime mieux acheter son vin mouillé que de le mouiller lui-même, et peut-être n'a-t-il pas tort : il lui est plus agréable de payer 40 centimes une boisson additionnée d'eau que de débourser 60 ou 80 centimes pour du vin absolument pur. C'est quelque chose d'analogue à ce qui se passe pour le lait dans nos grandes villes, et à Paris en particulier. Ce liquide s'y vend à tout prix, suivant le goût des consommateurs, parce que non seulement il est coupé d'eau par le crémier détaillant, mais aussi parce que l'usage des grandes exploitations laitières qui, dans un rayon assez étendu, approvisionnent la capitale, est d'écrémer la traite de la soirée précédente qu'elles mêlent, au moment de l'expédition, à la traite du matin. Ce procédé dépouille le lait de la moitié de sa crème, mais il permet, en diminuant le prix de revient, de vendre le litre 40 et 30 centimes, tandis que le lait pur, dans la capitale, ne vaut guère moins de 60 centimes.

Lorsque le législateur zélé croit devoir fulminer contre ces agissements, il trouve l'opinion publique indifférente ou même hostile. Celle-ci lui répondrait volontiers : « Et je veux qu'il me trompe, moi... Voyez un peu cet impertinent qui veut empêcher les cabaretiers de faire passer leur vin par la fontaine!... » Le fisc et les tribunaux, comprenant, ainsi que l'obligeant voisin de Sganarelle, « qu'entre l'arbre et le doigt il ne faut pas mettre l'écorce », s'abstiennent, au grand désespoir du laboratoire municipal, de poursuivre le mouillage.

Il est vrai que, la pratique étant à peu près générale, les délinquants seraient légion; et puis, il est bien difficile, comme l'a dit M. Berthelot, « de savoir par l'analyse si un vin est mouillé et surtout dans quelle proportion il l'est ». Beaucoup de petits vins de l'Aude ne titrent pas plus de 7 degrés alcooliques, tandis que des vins également naturels, provenant d'Espagne, de Grèce, de Roumanie ou de Corse, accusent jusqu'à 17 degrés d'alcool. Il va de soi que les derniers pourront, tout en ayant subi une forte addition d'eau, se trouver néanmoins plus forts que les premiers. Comme la nature ne dote pas tous les vins des mêmes éléments à égale dose, que l'*extrait sec*, par exemple — c'est-à-dire l'ensemble des substances fixes qui existent en dissolution dans le liquide : tannin, sels minéraux, gommes, etc., — varie, suivant les vins, du simple au double et au triple, tel marsala possédant 42 grammes par litre, tel bourgogne, à Coulanges, ne fournissant pas plus de 14 grammes, il est souvent hasardeux d'émettre des conclusions positives, d'après l'examen d'un échantillon. D'ailleurs, et c'est là l'argument péremptoire, si l'on parvenait à interdire totalement le mouillage, le prix du vin, sous le régime des impôts actuels, augmenterait fort dans les villes; la consommation en diminuerait; les classes populaires, qui chérissent leur erreur ou leur illusion sur le breuvage qu'elles achètent, apprécieraient mal le service qu'on leur aurait rendu — et le Trésor n'y gagnerait rien.

Aussi réserve-t-il toute sa surveillance pour les fraudes sur l'alcool, auxquelles le chiffre élevé des taxes offre un prodigieux appât. L'introduction ou la fabrication clandestine, dans les lieux sujets à octroi, ne sont ici, pour se dérober au paiement des droits, que l'enfance de l'art. Des industriels ingénieux ont trouvé moyen de dégager l'alcool des huiles essentielles, de « renaturer » celui qui avait été officiellement dénaturé, en le dépouillant des mauvais goûts qu'on lui avait prodigués. Ils ont imaginé, pour le faire pénétrer en franchise dans Paris, de le combiner savamment avec d'autres matières, dont ils le séparaient par des manipulations ultérieures. C'est ainsi que, sous le pseudonyme de sulfate de soude, se dissimulait un sulfo-vinate dont la distillation permettait d'extraire une certaine quantité d'eau-de-vie.

De même que, dans les traités tactiques sur les sièges, la conduite des assiégeants et des assiégés est si bien tracée, et son succès si probable de part et d'autre, qu'il semble, à les lire,

> Que l'on peut prendre tout et qu'on ne peut rien prendre;

de même, à suivre dans leurs cheminements contraires, la chimie contrebandière qui invente les fraudes et la chimie d'État qui les poursuit, on se demande comment les falsifications ne sont pas à la fois tout à fait générales et tout à fait impossibles. Qui songerait à blâmer les pouvoirs publics, absorbés par ce combat incessant, de négliger les supercheries inoffensives, surtout quand le public s'en fait complice? L'élévation des droits, en certains centres et notamment à Paris, étant la principale cause du mouillage, leur suppression ou leur abaissement notable aurait pour conséquence le retour au commerce du vin pur, vendu en détail plus ou moins cher selon qu'il serait plus ou moins généreux. Ce jour viendra lorsque la réforme de la législation des boissons, depuis plusieurs années proposée par le gouvernement, aura été adoptée par les Chambres. Si la contribution imposée à l'hectolitre de vin introduit dans la capitale était, comme le demande en ce moment le Ministre des finances, réduite de 19 à 5 francs, le mariage de l'eau avec le jus de raisin perdrait le principal attrait qu'il offre aujourd'hui au débitant.

Les autres solutions sont d'une pratique difficile : on s'est maintes fois scandalisé de voir le vin du pauvre sujet au même impôt que le vin du riche, et la pièce de Léoville ou de Chambertin ne pas payer davantage, aux portes des grandes villes, que la futaille analogue provenant du Gard ou de l'Hérault. Mais il faut tenir compte du peu d'importance des boissons de luxe dans la consommation générale — les vins d'une valeur supérieure à 100 francs l'hectolitre ne représentent que 2 ou 3 pour 100 du total des entrées de Paris. — Par suite, pour diminuer d'un franc la taxe des vins ordinaires, on devrait augmenter de 40 à 50 francs celle des vins fins; et ceux-ci chercheraient et trouveraient aussitôt mille moyens de s'y soustraire.

Il serait plus raisonnable, pour dégrever les petits vins naturels, d'imposer les liquides selon leur degré d'alcool. M. Léon Say a recommandé ce mode de taxation dans un remarquable rapport sur l'alcoolisme, et le gouvernement avait préparé plusieurs projets qu'il a ensuite abandonnés. Ce ne serait point chose inadmissible ni « monstrueuse » — comme l'a énoncé avec quelque véhémence dans ses protestations la Chambre de commerce de Bordeaux — que de limiter le titre alcoolique des vins et de surtaxer ceux d'entre eux qui dépassent un maximum déterminé. Les Xérès ou les Madères, qui excèdent le titre fixé à 16 degrés, aux portes de Paris, sont soumis présentement à un droit supplémentaire. Mais il semble malaisé d'appliquer à près de 5 millions d'hectolitres de vin un système de recouvrement qui exigerait d'innombrables analyses, aucun instrument rudimentaire ne remplissant, pour les vins, le rôle de l'alcoomètre pour les eaux-de-vie.

Cette limitation de la force alcoolique aurait pour but d'empêcher le vinage qui n'est d'ailleurs pas aussi coupable qu'on voudrait le faire croire. Le vinage, consistant à relever par une addition d'alcool la richesse naturelle des boissons, est une pratique utile pour les vins destinés à l'étranger, qui ont à supporter de longs transports, ou pour ceux qui contiennent encore, après fermentation, une proportion notable de sucre, dont la transformation future pourrait développer des germes de maladie. L'alcool surajouté paralyse les ferments et conserve le liquide. Le vinage n'est souvent, à la vérité, qu'un précurseur du mouillage; il sert de parrain au vin que l'on doit baptiser et lui facilite l'accomplissement de ses devoirs dans le monde. Jadis les vins consacrés à une alliance avec l'eau n'avaient pas besoin de ce stimulant préalable. Nos départements du Midi produisaient, avant le phylloxera, quantité de raisins dont le jus peu délicat, mais de constitution toute sanguine, ne souffrait pas trop du régime débilitant auquel on le soumettait dans nos cités.

Ces breuvages n'existent plus, du moins sur notre sol. Il faut, ou les demander à l'étranger, ou les obtenir artificiellement. On renforce donc les vins pour les pouvoir mieux affaiblir. Aussi le Midi se lève-t-il, mû par un sentiment bien excusable, pour demander que les vins très forts — maintenant qu'il n'en vend plus — soient frappés d'un droit additionnel, et que les vins légers — les seuls que fournissent ses nouveaux cépages — soient au contraire déchargés d'une partie de l'impôt. De leur côté les régions du Centre et de l'Est, et même les représentants de la Gironde, s'insurgent contre cette prétention, d'accord avec les négociants parisiens. Quant aux districts du Nord, qui ne fabriquent pas de vin, mais qui distillent de l'alcool, ils s'étonnent qu'on veuille prohiber le vinage, pour lequel, depuis trente ans, on sollicitait la faveur d'un affranchissement de taxe, et se demandent pourquoi, les vins étrangers étant vinés, les nôtres ne le seraient pas. Tiraillé en sens divers, le Parlement, indécis, trouvant peut-être, selon le mot d'un de ses membres, que « le vin c'est la bouteille à l'encre », a simplement jeté, par une loi platonique, l'anathème sur l'alcool et sur l'eau qui continueront de s'introduire à tour de rôle dans la boisson populaire des grandes villes. Ainsi le veut, sous le régime fiscal en vigueur, la concurrence commerciale sollicitée par la recherche du bon marché.

III

Maladies et améliorations des vins.

Vins d'Algérie et d'Espagne. — Cumul des vins naturels et artificiels. — « Une bonne demi-année quand les autres n'en ont point. » — Exportation. — La majeure partie du monde ne boit pas de vin. — Vins *remontoirs* et *teinturiers*. — Le plâtrage. — Un poison bienfaisant. — Colorants chimiques. — M. Pasteur; le chauffage. — Bouquets postiches. — Trop de nez et pas assez de bouche. — Sélection des ferments. — La graine de bon vin. — Métamorphose possible du *petit-bleu*.

Les viticulteurs se plaignent de cet état de choses, qui favorise l'entrée des vins espagnols, dont beaucoup ne sont pas aussi généreux qu'on le croit, mais que l'on alcoolise dans leur pays d'origine à moindres frais que les nôtres en France. L'appoint des crus étrangers, qui nous a été d'un grand secours pendant la période difficile dont nous sortons, est toutefois en décroissance notable. De 1867 à 1876, le montant de nos importations avait été seulement de 365 000 hectolitres. En 1877, nos achats augmentèrent : ils furent de 645 000 hectolitres. Ils sautèrent à 1 600 000 hectolitres en 1878, puis montèrent à 7 millions en 1882 et enfin à 12 millions d'hectolitres en 1887, chiffre qu'ils atteignaient encore il y a cinq ans. En 1892, les entrées tombaient au contraire à 9 millions d'hectolitres et ne dépassaient pas 4 millions et demi en 1895.

Les vins d'Algérie figurent dans ce nombre pour 2200000 hectolitres. Ceux-ci sont peu alcooliques; une ardente émulation, que l'on se plaisait à encourager dans la mère patrie, avait poussé nos colons africains à étendre chaque jour la superficie plantée en vignes. La crise dont on s'est plaint de ce côté-ci de la Méditerranée a sévi là-bas, beaucoup plus intense, et l'on s'y est désolé plus encore que chez nous d'une désastreuse abondance! Quant aux vins importés d'Espagne, ils n'excèdent guère 2 millions d'hectolitres. Ce n'est pas une inondation bien redoutable pour notre récolte nationale, évaluée l'année dernière à 39 millions.

L'afflux sur nos marchés de ces liquides de toute provenance, pendant les années de disette, n'avait pu empêcher les prix de hausser, malgré la création à l'intérieur de nos frontières des vins à demi factices dont j'ai parlé. Il nous manquait encore plus de 8 millions d'hectolitres pour parfaire la consommation moyenne d'il y a vingt ans. Si bien que, la nature se plaisant à contrarier à la fois les calculs protectionnistes et les pronostics libre-échangistes, c'est depuis que l'on cesse d'introduire des vins étrangers que la baisse s'est produite en France.

Les difficultés actuelles seront passagères ; l'on s'en alarmerait à tort. Elles viennent d'une année de rendement exceptionnel de la vigne. Ce phénomène agricole est venu compliquer une évolution commerciale et industrielle, toujours délicate, et qui ne va pas sans souffrances : la substitution d'une marchandise à une autre dans la consommation générale. Ce fut à l'époque où la moitié du vin naturel disparut presque subitement, avant que les vins artificiels ou étrangers eussent encore apparu, que la plus grande disette se fit sentir ; c'est aussi au moment où reparaît le jus des vignobles reconstitués, tandis que les boissons intérimaires n'ont pas encore disparu, que sévit particulièrement la pléthore. Mais cette pléthore est devenue plus sensible parce que les cépages indigènes, sur lesquels on avait perdu l'habitude de compter, ont été tout à coup plus prodigues[1].

Les producteurs, du reste, exagèrent un peu leurs plaintes : ils s'étaient habitués à des cours élevés, sur lesquels ils avaient établi des calculs d'avenir. Les prix actuels ne paraîtront pas aussi avilis qu'ils le disent s'ils les comparent, non à ceux de la période de crise, mais au chiffre moyen des années antérieures au phylloxera. Il n'était pas rare, sous le second Empire et jusqu'en 1876, de voir l'hectolitre descendre, dans l'Hérault, aux

1. Voyez, ci-dessus, la note de la page 300.

environs de 12 francs lors des grandes vendanges, pour remonter quand la vigne se montrait plus avare. L'agriculteur a ceci de commun avec la plupart des autres hommes qu'il n'est jamais pleinement satisfait : qu'il s'agisse de raisins, de céréales, de pommes ou de betteraves, il déplore tantôt leur rareté et tantôt leur peu de valeur. Chacun répondrait volontiers comme ce paysan normand à l'interlocuteur qui lui reprochait son pessimisme éternel et lui demandait de formuler ses vœux en matière de récolte : « Je vais vous dire... ce qu'il nous faut, c'est une *bonne demi-année, quand les autres n'en ont point!* »

Pour obtenir tous, et tous les ans, cette « bonne demi-année », les viticulteurs ont peut-être trop sacrifié la qualité à la quantité. Ce n'est pas que, fût-il toujours excellent, la consommation du vin puisse être indéfinie. Les récoltants du Midi, qui ne boivent eux-mêmes leurs produits qu'avec modération — le climat le veut ainsi, et l'ivrognerie est beaucoup plus rare en Languedoc ou en Roussillon qu'en Bretagne ou en Normandie, — ne peuvent mettre leurs concitoyens des départements du nord au régime de l'intempérance obligatoire.

L'exportation ne dépasse pas 2 millions d'hectolitres. Il paraît difficile pour le moment de l'accroître, en raison des barrières douanières qui lui sont opposées dans certains pays, de la concurrence que nous font, pour les vins ordinaires, un nombre chaque jour plus grand de contrées productrices, enfin des habitudes de divers peuples, proches ou lointains, qui ne boivent pas de vin comme la Turquie, ou qui boivent autre chose : de la bière en Europe, du thé en Asie, du cidre, de l'alcool, de l'eau claire ou des jus fermentés de divers fruits dans l'Amérique du Nord. En France, la vente progresserait sans doute avec l'abaissement des prix et la réduction des impôts. Pourtant elle a des limites assez étroites; les propriétaires ne tarderaient pas à s'en apercevoir, si les vignobles prenaient une extension démesurée.

Ce danger-là n'est pas immédiat; mais parmi les vins ressuscités qui font leur rentrée sur le marché indigène et se plaignent d'y être mal accueillis, il en est de médiocres que le commerce n'achète qu'avec méfiance. Encore affirme-t-il ne pouvoir les utiliser que grâce à des coupages avec des liquides plus alcooliques. « Nous n'avons qu'un seul moyen légal, disent les négociants de Bercy, de maintenir les petits vins français à faible degré : c'est de les soutenir avec des vins plus corsés et plus solides », dont l'Espagne est le principal fournisseur. « A Bordeaux, dit M. Charles Mayet dans son intéressante enquête sur les vins, on a donné au vin d'Espagne le nom de *vin médecin*. Certains le désignent sous le nom de *vin remontoir*. »

Il est le véhicule fidèle et sûr des petits vins; il ranime les abattus, corrige les rébarbatifs, soutient les faibles. Il joue à l'égard des vins acides, des vins maigres, des vins plats, le rôle d'un volant envers une machine à vapeur. Il est le régulateur de leur énergie; il emmagasine les forces vives des autres vins, qu'il restitue à la consommation disciplinés, soumis, unifiés. Il doit ses qualités à l'alcool qu'il contient.

C'est donc à améliorer la qualité que doivent tendre nos viticulteurs, puisqu'ils ont reconquis la quantité à force de persévérance et d'argent. Ici encore, à côté du labeur agricole proprement dit — méthodes de culture et choix des cépages, — intervient le travail de fabrication, de conservation des vins. Tantôt il s'agit de les empêcher de tomber malades, tantôt de leur rendre la santé, quelquefois de les affiner, de leur donner plus de bouquet, plus de charme et plus de prix.

Parmi les moyens découverts pour prévenir les infirmités du vin, il en est de chimiques et de physiques. Les premiers sont plus économiques et plus aisés, mais moins efficaces ou moins innocents. Il est aussi des soins mécaniques, tels que le soutirage plusieurs fois répété, qui sépare le vin des lies où s'accumulent les germes malsains; le collage, qui entraîne les matières étrangères restées en suspension.

Au nombre des méthodes chimiques figurent le soufrage, qui consiste à faire brûler des mèches soufrées dans l'intérieur du fût avant d'y introduire le liquide, et le plâtrage, usité surtout dans le midi de la France, en Espagne et en Italie. L'opération consiste à jeter, sur la vendange, du plâtre qui précipite au fond des tonneaux les substances albuminoïdes, avec lesquelles il se combine. Par l'élimination de ces éléments nuisibles le vin acquiert une plus grande solidité, ainsi qu'une coloration plus franche. Les adversaires du plâtrage affirment que cette pratique n'est pas sans danger : il s'opère, disent-ils, un phénomène de double décomposition entre le plâtre, ou sulfate de chaux, et la crème de tartre, ou bitartrate de potasse, contenue dans le vin : une partie de ce dernier se transforme en tartrate de chaux insoluble tandis qu'il reste du sulfate de potasse en dissolution dans le liquide. Estimant que les propriétés purgatives de ce sel ne seraient pas, à la longue, inoffensives pour l'économie — *purgare non repurgare*, — le législateur a voulu en limiter la dose : il a interdit la mise en vente des vins dans lesquels le plâtrage aurait introduit une proportion de sulfate de potasse supérieure à 2 grammes par litre. Quelques médecins voudraient aller plus loin et proscrire totalement le plâtrage, qui, d'après leurs observations, altère ou supprime le lait des nourrices et occasionne de graves maladies d'estomac.

Au contraire, les viticulteurs du Languedoc, par l'organe de leurs représentants, réclament, à défaut d'une liberté complète, du moins la faculté de porter à 4 grammes par litre la dose autorisée. Ils ne contestent pas que le sulfate de potasse soit un poison, mais ils pensent que c'est un poison bienfaisant. Beaucoup d'autres poisons plus violents sont ordonnés à petite dose par les médecins. « Les vins plâtrés, a dit le Conseil général de l'Hérault, sont recherchés par les gens du Nord. Ils deviennent de véritables médicaments pour les estomacs délicats. » Et, sur l'observation de l'un de ses membres, qui a déclaré s'être radicalement guéri d'une affection chronique en absorbant, à Vals, de l'arsenic pendant plusieurs années, la commission méridionale a opiné que l'on rendrait un véritable service aux populations en leur faisant prendre, d'office et sans qu'elles s'en doutent, du sulfate de potasse avec leur vin.

De tous les ingrédients utilisés dans le travail des vins le plâtre n'est pas le seul qui, prodigué à l'excès, puisse être contraire à l'hygiène : il existe aussi des colorants toxiques ou suspects. La crainte de ces colorants n'a pas été étrangère, au dire de quelques personnes, à la mode subite et inouïe du vin blanc. La coloration artificielle est nécessaire à certains petits crus que l'on appelle « gris » — de fait, ils sont roses et suffisamment gaillards, quoique anémiques d'aspect; — mais le rouge vif, aux yeux du buveur ignorant, est le symbole de la force. On colore aussi les vins coupés d'eau ou destinés au mouillage. La meilleure méthode consisterait à ajouter aux liquides pâles, pour obtenir la nuance convenable, une petite quantité d'un vin très foncé — « vin noir » ou « vin teinturier », ainsi qu'on le nomme, — que l'on récolte dans l'Orléanais pour cet usage. Mais ce procédé est coûteux. Un autre colorant naturel est tiré des lies de vin desséchées : il est peu pratique. Les substances les plus employées dans le commerce sont la mauve noire, la rose trémière, les baies de sureau, de troène, d'airelle myrtille, la cochenille et ses dérivés, les décoctions de bois de campêche et de bois du Brésil. Tous ces colorants sont absolument inoffensifs. Il n'en est pas de même de la fuchsine, des sels de rosaniline, des rouges et violets d'aniline. Toutefois, si la recherche des matières colorantes exige des opérations assez compliquées, une réaction chimique très simple décèle la présence de la fuchsine, et la crainte du Laboratoire municipal est, pour les intermédiaires trop insouciants, le commencement de la prudence.

Vins poussés, aigres, tournés, vins amers, gras ou filants, les recherches de M. Pasteur ont appris que toutes ces maladies sont dues à des êtres parasites, apportés en plus ou moins grand nombre par la vendange elle-même, et qui, en se développant, altèrent le liquide. Avant de connaître l'existence et les mœurs de ces ennemis dangereux, le vigneron, qui souffrait de leurs mauvais comportements, s'appliquait à les paralyser. Les différentes pratiques auxquelles il avait recours aboutissaient à une purification plus ou moins parfaite, mais non à une complète stérilisation des mauvais ferments. Le chauffage ou *pasteurisation* possède au contraire une efficacité absolue. M. Pasteur a constaté que, pour détruire la vitalité des germes et assurer ainsi la conservation indéfinie des vins sans nuire au développement de leurs qualités, il suffit que la masse entière du liquide ait été portée pendant un temps très court, ne fût-ce qu'une minute, à la température de 55° centigrades. On a construit de nombreux appareils à marche intermittente ou continue, dans lesquels les vins sont chauffés à l'abri de l'oxygène, dont l'action pourrait leur donner un goût de cuit ou altérer leur couleur. Les plus perfectionnées de ces machines sont disposées de telle sorte que le vin chauffé, qui retourne dans les tonneaux, est refroidi par le vin qui va subir à son tour l'opération; celui-ci s'échauffe à ce contact, ce qui rend la marche de l'appareil à la fois économique et rapide. Le chauffage permet de livrer à la consommation des vins qui, autrefois, n'eussent été bons que pour la chaudière.

Cette découverte de M. Pasteur en a amené une autre qui, elle, n'est pas seulement destinée à donner aux vins une bonne constitution, mais aurait pour but de communiquer aux boissons un peu rustres le goût de bonne compagnie des crus élevés dans les chais en renom. Jusqu'ici les opérations de ce genre consistaient, pour certains négociants, à verser dans un jus sans notoriété quelque petite dose d'une essence artificielle, qui se rapprochât du parfum départi par la nature aux familles de vins illustres, auxquelles on se proposait de rattacher ce liquide d'adoption. De même les maisons de produits chimiques vendent, moyennant 60 francs le kilogramme, des extraits concentrés pour la fabrication des liqueurs, « instantanément et à froid ». Il suffit de 5 grammes de cette marchandise, et par conséquent d'une dépense de 30 centimes, avec un peu de sirop de sucre, pour transmuter un litre de vulgaire alcool à 45 centimes en une bouteille de chartreuse, d'anisette ou de curaçao. Malheureusement ces bouquets postiches valent à peu près ce qu'ils coûtent, c'est-à-dire très peu de chose. Au palais d'un amateur tant soit peu exercé ils laissent un relent prononcé de pharmacie.

Une autre manière de fabriquer des grands vins avec des petits, et du vin vieux avec du nouveau, a été maintes fois employée : elle consiste dans le mélange d'un vin de bonne marque, mais passé et par suite sans valeur — d'un vin qui, suivant l'expression reçue, « a trop de nez et n'a plus de bouche », parce que les huiles et les éthers s'y sont développés outre mesure, — avec un vin commun, mais dans toute sa verdeur. L'énergie un peu grossière de ce jouvenceau, tempérée par la délicatesse exquise de ce vieillard, forme, dit-on, en bouteilles une alliance pleine de charmes.

Cette alliance, toutefois, le négociant ne pourrait la réaliser dans sa cave qu'à titre exceptionnel, puisqu'on laisse rarement les bons vins atteindre à une aussi extrême décrépitude. La science s'efforce d'y procéder, sur une plus vaste échelle, dans la cuve du viticulteur. On savait que la qualité des vins dépend des cépages, du sol, du climat, des circonstances atmosphériques de l'année ; les travaux récents ont révélé l'influence de ces êtres organisés et vivants que l'on désigne sous le nom de ferment ou de levure. Il existe un grand nombre de races distinctes de levures, écrivait en 1876 M. Pasteur, et « l'on doit penser que, si l'on soumettait un même moût de raisin à l'action de levures distinctes, on en retirerait des vins de diverses natures ». Douze ans plus tard M. Jacquemin a donné la solution du problème en fabriquant, dans son laboratoire, un vin d'orge à bouquet bien caractérisé de sauternes. MM. Louis Marx, Martinaud et Rommier, en France, MM. Muller-Thurgau et Wohrmann en Allemagne, se livrèrent à des recherches analogues. Ils constatèrent que la marche de la fermentation est différente, suivant que telles ou telles levures y président.

On a pris, pour le démontrer, un même jus de

raisin contenant 20 ou 25 pour 100 de sucre, et on l'a ensemencé avec différentes espèces de levures de vin obtenues à l'état de pureté. Il a été constaté que telle levure transforme 19 pour 100 de sucre, telle autre 15, une troisième 4 1/2 seulement. Elles produisent donc, avec le même moût, des qualités variables d'alcool et aussi d'acidité. Parmi ces levures, il en est qui aiment une température de 20 à 25 degrés, qui deviennent inactives ou qui meurent vers 32, tandis que d'autres marchent encore vers 35 degrés. On a remarqué aussi qu'avec le même raisin on se procure des vins très divers suivant la provenance des ferments. M. Martinaud, en faisant fermenter quatre lots d'un même moût avec des levures de bourgogne, de beaujolais, de champagne et de bordeaux, a obtenu quatre vins différant entre eux par le goût et le bouquet, et se rapprochant des vins correspondants.

Il était naturel que l'on songeât à transporter ces découvertes dans la pratique, c'est-à-dire à ensemencer les moûts avec des levures sélectionnées qui, se développant les premières et prenant ainsi possession du terrain, imprimeraient en quelque sorte leur cachet particulier au vin fabriqué. Des établissements spéciaux se sont fondés pour la culture de ces infiniment petits. Ils expédient en bidons scellés, contenant les quantités nécessaires pour 20, 50 et 100 hectolitres de moût, des ferments de presque tous les vins qui leur sont demandés, de la *graine de vin*, — un demi-litre de ce liquide suffisant pour 10 hectolitres de vin. — La levure ne se conservant pas au contact de l'air, on n'ouvre ces bidons qu'au moment où l'on veut les employer. Leur contenu — généralement des *saccharomyces ellipsoïdeus* reconnus pour la famille la plus recommandable de fermentateurs, celle qui accomplit le meilleur travail — est mêlé à une proportion six fois plus forte de moût que l'on tient pendant quarante-huit heures à une température moyenne de 25 degrés. Ceci a pour but d'obtenir un volume plus considérable de bons ferments; on les verse dans le vin blanc au sortir de la presse, et l'on arrose les raisins destinés à produire du vin rouge, aussitôt qu'ils sont écrasés et foulés, avant tout cuvage.

Les résultats acquis ont été ainsi résumés par M. Kayser, chef du laboratoire de microbiologie à l'Institut agronomique : « L'apport de levure sélectionnée amène une fermentation active et rapide, détruit les mauvais germes et procure un vin d'une meilleure conservation. Elle peut, en certains cas, amener une amélioration dans le goût. » Sur ce dernier point, on le voit, les conclusions sont peu affirmatives. Aussi bien cette découverte est-elle à son aurore : les savants tiennent une piste, ils la suivent; et, s'il est téméraire de prétendre que l'on puisse jamais faire du corton ou du château-margaux avec un moût quelconque, il ne l'est pas de croire que l'on parviendra à inoculer quelques-uns de leurs mérites, et par suite quelque peu de leur valeur, à la masse des « petits bleus » qui peuplent les vignobles.

IV

Les grands vins.

Du château-laffite à 45 francs la pièce sous Louis XIV. — Le château-margaux. — La possession d'un grand cru est un luxe. — Le château-yquem. — La *crème*, la *tête* et la *queue*. — Les crus de Bourgogne. — Le *chevalier*, le *vrai* et le *bâtard* montrachet. — 150 pièces de chambertin seulement. — 4000 bouteilles de romanée-conti. — Les imitations de champagne. — Mousseux de cabaret. — Champagnes authentiques. — Culture onéreuse des vignes. — Le montebello. — La casse des verres. — 22 millions de bouteilles par an. — Le secret de la liqueur. — Les grands champagnes vont à l'étranger. — Le « tirage » à la maison Moët. — Dernière toilette. — Commerce des vins. — Suppression des intermédiaires.

Les vins « fins » ne représentent en effet qu'une infime portion de la récolte annuelle. L'administration des contributions indirectes fait, dans ses statistiques, deux parts de la production : vins ordinaires, c'est-à-dire ceux dont le prix de vente chez les récoltants ne dépasse pas 50 francs l'hectolitre, se sont élevés en 1893 à près de 49 millions d'hectolitres; tandis que la catégorie des vins de qualité supérieure qui excèdent le prix de 50 francs en gros, n'a été que de 1 250 000 hectolitres. Ces derniers, comme on le devine, sont très inégalement répartis sur le territoire : le département de la Marne — en d'autres termes les vins de Champagne — représente plus du tiers, avec 480 000 hectolitres; la Gironde — autrement dit les vins de Bordeaux — vient ensuite avec 417 000 hectolitres. Les trois départements de la Côte-d'Or, de Saône-et-Loire et de l'Yonne, qui contiennent le vin de Bourgogne, ne dépassent pas, tous trois ensemble, 132 000 hectolitres; le Rhône, auquel nous devons le beaujolais, atteint à 75 000. Ces chiffres, qui se rapportent à 1893, varient beaucoup dans leurs proportions : la récolte de l'an dernier, par exemple, a été très belle dans la Gironde et très médiocre dans la Côte-d'Or; mais la renommée vinicole de la France est tout entière concentrée dans six départements, qui produisent à eux seuls les onze douzièmes du vin supérieur; dans le partage des 150 000 hectolitres restant, les vins de Saumur, en Maine-et-Loire, figurent seulement pour 15 000 hectolitres; les vins de Pouilly, dans la Nièvre, pour 10 000; et les autres départements pour des quantités à peu près insignifiantes.

Si nous nous élevons d'un degré, si nous cherchons combien, parmi ces vins que la régie a classés dans la première catégorie, forment ce qu'on appelle les crus célèbres, ou simplement connus, la haute aristocratie des vins, nous n'aurons plus à noter que des chiffres minimes. Les quatre premiers crus du Bordelais — laffite, latour, margaux et haut-brion — ne donnent ensemble qu'une récolte moyenne de 575 tonneaux ou 5175 hectolitres, dont quatre cinquièmes seulement en « premier vin ».

La châtellenie de Laffite, dont l'histoire est connue depuis le moyen âge, et qui appartenait au XIVe siècle à la famille de ce nom, avait un vignoble constitué dès 1650. Ses produits trouvaient alors difficilement preneurs à 80 ou 100 livres le tonneau, soit une somme correspondant à 45 francs intrinsèques pour la pièce bordelaise de 225 litres. C'était aussi en ce temps-là le prix des vins de l'Ile-de-France, de l'Orléanais ou des Charentes : ceux de la Bourgogne coûtaient plus cher. Après avoir appartenu au président de Ségur, le Château-Laffite passa aux mains d'un autre magistrat, M. de Pichard, qui fut, au cours de la Révolution, guillotiné à Paris. Acheté en 1793 par une société hollandaise 1 200 000 francs, *en assignats*, le vignoble était revendu en 1821 à un Anglais, M. Samuel Scott, qui le paya un million, mais cette fois en bonnes espèces. Il passa en 1868, à la barre du tribunal de Paris, entre les mains du baron de Rothschild, auquel il fut adjugé 4 140 000 francs.

Ce prix élevé, si on le rapproche de l'exiguïté du domaine, qui se compose d'environ 70 hectares, n'a rien d'exceptionnel puisque le Château-Margaux, dont la contenance est de 80 hectares, a été acquis en 1879 pour 5 millions de francs environ, par M. le comte Pillet-Will, du marquis de Las Marimas, qui en était devenu propriétaire en 1838 moyennant 1 300 000 francs. Le revenu de ces propriétés, dont l'hectare revient à 50 ou 60 000 fr., semblerait encore rémunérateur à qui ne s'attacherait à connaître que le produit brut de ces vins « séveux » et bouquetés, dont le tonneau s'est vendu plus de 5000 francs en 1881 et plus de 6000 en 1868. Même au prix moyen de 3000 francs le tonneau, soit 750 francs la barrique, que l'on peut regarder comme exact en tenant compte des mauvaises années — le vin de 1893 s'est à peine vendu 2000 francs le tonneau, — un vignoble tel que Château-Margaux ou Château-Laffite rapporte brut 4 ou 500 000 francs par an, environ 10 pour 100 de sa valeur.

Mais les frais de culture et de vinification sont si considérables, le travail, qui seul maintient ces boissons illustres dans leur vieille renommée, est si minutieux, que le bénéfice net est à peine de 5 pour 100; bénéfice infime, en raison de tous les risques d'une exploitation qui tient plutôt de l'industrie que de l'agriculture. Aussi la possession des grands crus du Bordelais est-elle un luxe, un dilettantisme de riche, plutôt qu'une affaire proprement lucrative. Leurs propriétaires sont, ou des financiers, ou de très gros négociants en vins, pour qui le fait d'être à la tête de quelque vignoble haut coté constitue une sorte de réclame ou de coquetterie commerciale; ou des familles aisées parmi lesquelles ces biens se transmettent depuis longtemps par héritage, et qui les gardent souvent indivis pour en diminuer les hasards.

Ce dernier cas est celui du Château-Yquem, le roi des vins blancs, dont les 90 hectares de vignes ont pour maîtres les héritiers du marquis de Lur-Saluces. Aux seigneurs de Lur-Saluces, le sol avait été transmis, en 1785, par une alliance avec la famille de Sauvage d'Yquem. C'est grâce au choix de cépages convenables à ce terrain et aux soins excessifs de fabrication, que l'on a créé ce vin, qui obtient un prix supérieur d'un quart aux premiers crus, c'est-à-dire une moyenne de 4000 francs le tonneau de 900 litres. Je ne parle ici ni des années ni des chiffres exceptionnels, tels que les 20 000 francs payés, en 1859, pour quatre barriques d'yquem, par le grand-duc Constantin de passage à Bordeaux.

Le consommateur se contentait autrefois de la finesse, du parfum, du corps des grands vins de Sauternes, et l'on coupait alors les raisins dès qu'ils étaient mûrs. Aujourd'hui, le goût s'étant modifié, il a fallu y joindre la douceur, l'onctuosité que possèdent ces vins hors de pair. Pour obtenir cette liqueur, le raisin doit non plus seulement atteindre sa complète maturité, mais la dépasser. Aussi les vendanges sont-elles ici beaucoup plus tardives qu'ailleurs, débutant au plus tôt dans les premiers jours d'octobre et finissant en novembre. On ne commence la cueillette que vers huit ou neuf heures du matin, quand les premiers rayons du soleil ont pompé sur le raisin l'humidité des nuits. Le vendangeur choisit les grains couverts d'un léger duvet, semblable à une moisissure, qui indique l'extrême maturité. Il rejette ceux qui sont échauffés ou grillés, et ce premier tri constitue le *vin de crème*. On en fait un second de la même manière, qui donne le *vin de tête*. Puis on arrête la vendange, pour la reprendre, quelques jours plus tard, quand les raisins sur pied sont parvenus au même point que les premiers, et le liquide obtenu se nomme *vin de centre*; enfin on cueille le reste de la récolte en opérant de la même façon, et ce dernier tri s'appelle *vin de queue*.

Dans quelques vignobles, ces quatre catégories de vins demeurent séparées, et l'acheteur en tire le parti que bon lui semble. Dans d'autres — Yquem est du nombre, — on forme un ensemble unique des vins de crème, tête, centre et queue. « Qui a goûté au cellier, disait un gourmet, une gorgée de l'exquise crème réservée pour les jouissances ou les magnificences du propriétaire, s'en souviendra toute sa vie! » Feu, étoffe, bouquet, tout s'y trouve, trop concentré peut-être et avec trop de sucre, quelque chose d'inconnu, l'extravagance du parfait! Seulement ces qualités ne sont obtenues qu'au détriment de la quantité. On conçoit que le raisin, ainsi confit au soleil, se flétrit, puis se résorbe, pour ne garder que le maximum de sucre qu'il peut rendre. Quelques chimistes affirment que, pour accroître ou maintenir ce goût sucré, on ajoute parfois aux grands vins blancs du Bordelais de la *mannite*, sorte de gomme infermentescible issue de la manne. Ce ne serait là, à supposer le fait exact, qu'un élément tout à fait accessoire de la fabrication de ces vins. On en peut dire autant de la légère addition de sucre que reçoivent les crus les plus renommés de Bourgogne, et qui est destinée à corriger, à fondre en quelque sorte l'aspérité qu'ils tiennent de la nature.

Au lieu d'être groupés dans un seul département, comme les vignobles du Bordelais, ceux de la Bourgogne s'étendent sur une longueur de près de 200 kilomètres, occupant les points les plus favorablement situés du versant oriental des Cévennes. Ils forment trois groupes : au nord, la Basse-Bourgogne ou le département de l'Yonne; au centre, la Haute-Bourgogne, Côte-d'Or et arrondissement de Chalon; au sud, le reste de Saône-et-Loire et une moitié du Rhône, autrement dit le Mâconnais et le Beaujolais. Au point de vue de la superficie plantée, le vignoble de ces quatre départements réunis ne dépassait guère, il y a vingt ans, celui de la seule Gironde : environ 150 000 hectares. Sous le rapport du rendement moyen (3 millions d'hectolitres), ils lui étaient inférieurs; et la différence était plus grande encore, entre les deux régions, pour la proportion des vins fins que pour celle des vins ordinaires.

Sur les 24 millions de francs auxquels les statistiques officielles évaluent la récolte dans la Côte-d'Or, la dixième partie du vignoble en représente à elle seule plus du tiers. Neuf dixièmes en effet sont cultivés en plant commun, le *gamay*, qui fournit les liquides secondaires, tandis que le dixième privilégié, d'une contenance d'environ 3000 hectares, est planté en *pineau*, le long d'un étroit ruban large de 500 mètres en moyenne, qui se profile à mi-côte depuis Dijon jusqu'à Santenay, dominant la ligne principale du chemin de fer de Lyon. C'est là que mûrissent, sur la partie de la montagne exposée à l'est et au sud, les trois montrachet : le « vrai » au milieu; le « chevalier » au sommet; le « bâtard » à la base. Quoique si voisins les uns des autres, les produits des vignes qui forment ensemble ce cru, le plus grand vin blanc de la Bourgogne... et du monde, disent les Bourguignons, se vendent à des prix qui varient du simple au double, entre le « chevalier » et le « bâtard », du simple au triple entre ce dernier et le « vrai montrachet ». Il n'est plus question ici du travail de l'homme, et la nature seule crée ces diversités.

De ces puissantes boissons bourguignonnes, à la saveur délicate, à l'enivrant arome, elle se montre particulièrement avare. Le chambertin, vin de prédilection de Napoléon Ier, dont les descendants du mathématicien Monge sont actuellement propriétaires, fournit seulement 150 pièces, bien qu'il s'en vende chaque année, de par le monde, des milliers sous ce nom. Le musigny, qui appartient à un membre de la famille de Vogüé, le clos-vougeot ou le richebourg, ne sont pas plus abondants. Il est donc malaisé de s'en procurer d'authentiques. Le nombre est moindre encore des mortels favorisés qui boivent du véritable romanée-conti. Les deux hectares de la petite commune de Vosne qui le produisent, précieux ceps dont le renom est déjà ancien, puisqu'ils furent vendus 97 000 livres à la fin du règne de Louis XV, ne donnent pas plus de 4000 bouteilles par an.

Le champagne au contraire est, de tous les vins de luxe, le plus important par le chiffre de la vente, et son succès, tout moderne, est dû pour une grosse part à l'ingéniosité de ses fabricants. Une surface de 14 000 hectares, valant 124 millions de francs environ, est livrée à la culture intensive de vignes, dont la dépense annuelle s'élève à 1500, 2000 et jusqu'à 2500 francs par hectare, suivant les crus.

On se fait généralement dans le public une fausse idée de la préparation de ces vins. Bien des légendes erronées ont cours à ce sujet : la variété des boissons vendues sur le globe sous le nom de « vin de Champagne » leur a donné créance. Il n'est guère de marchandise qui ait été plus contrefaite. C'est à qui, parmi les nations civilisées, fabriquera le champagne le plus économique, pour son usage d'abord, ensuite pour servir d'aliment à son commerce. Les Hollandais vendent, dans les bazars de Java, du « champagne » à 1 fr. 50 la bouteille ; les Américains ont, à San-Francisco, des usines à « champagnes » indigènes, provenant des vins mousseux de Sonoma et de Concord ; l'Espagne, l'Italie, l'Autriche, ont toutes leur champagne local ; l'Allemagne tient la tête et atteint à la plus parfaite imitation, du moins en ce qui concerne l'extérieur des bouteilles, ornées aux bords du Rhin d'étiquettes françaises, sous l'invocation de villages et d'individualités illustres dans notre histoire vinicole.

Les étrangers ne sont pas seuls à faire ainsi sauter artificieusement les bouchons de champagnes illusoires : nos compatriotes ne se privent pas, même dans le département de la Marne, de « champagniser » des produits hétéroclites. De là deux sortes de vins exportés de Champagne : ceux qui sont originaires du pays, ceux qui sont seulement venus s'y faire travailler. Il est une troisième catégorie tout à fait subalterne qui mérite à peine d'être mentionnée : celle des vins où l'on introduit du gaz acide carbonique à l'aide d'appareils semblables à ceux qui servent pour la préparation de l'eau de Seltz. Paris possède en ce genre plusieurs spécialistes, qui fournissent les cabaretiers à bon compte de « grand-crémant » ou d'« Ay mousseux » noblement timbrés d'écussons et de couronnes; — le plus déterminé socialiste éprouvant une satisfaction bizarre à ingurgiter des breuvages qu'il peut croire avoir été fabriqués tout exprès pour lui par de très grands seigneurs.

Quant aux négociants qui pratiquent à Reims, à Épernay et ailleurs, la champagnisation des vins provenant des divers départements français et de plusieurs pays d'Europe — certains petits vins blancs de Hongrie reçoivent, avec la mousse, la grande naturalisation, — ce ne sont ni les moins riches ni les plus dignes de blâme. Ils luttent avantageusement contre la concurrence étrangère par les « champagnes » de prix modeste qu'ils livrent à la consommation moyenne. Leur industrie ne fait donc pas de tort appréciable aux maisons, grandes ou petites, qui n'emploient que les raisins de la montagne de Reims, de la côte d'Avize, ou de la vallée de la Marne, parce que ceux-ci ne peuvent être mis à la portée de toutes les bourses.

Il suffit de jeter les yeux sur les cours des principaux vignobles champenois pendant les dix dernières années, pour comprendre que la masse énorme des buveurs qui reculent à payer la bouteille plus de 2 fr. 50 ou 3 francs, sont placés dans cette alternative de boire de faux champagne ou de n'en pas boire du tout. Le cru de Mesnil-Oger, l'un des rares qui produisent du raisin blanc — les trois quarts des meilleurs vins de Champagne sont faits avec des raisins noirs, — oscille de 300 francs en 1886, à 1400 francs en 1889, pour la barrique de 200 litres. La moyenne est de 660 fr. A Mareuil, dont le château, qui appartenait avant la Révolution au duc d'Orléans, a été acquis en 1834 par le duc de Montebello, le vin que les descendants du maréchal Lannes possèdent aujourd'hui en commun se vend, à l'état brut, jusqu'à 1300 francs la pièce dans les bonnes années. Le double hectolitre atteignit, il y a quatre ans, 1500 francs à Ay et 1660 francs à Bousy ou à Verzenay.

Si de pareils chiffres se revoyaient fréquemment les simples millionnaires devraient, eux aussi, se contenter d'une mousse quelconque et renoncer à des liquides qui deviendraient l'apanage de quelques privilégiés de la fortune. Heureusement que les années d'abondance, où les mêmes vins descendent à 600 et 500 francs la pièce, permettent au fabricant la constitution de réserves dans lesquelles il va puiser selon ses besoins. Le coupage judicieux du vieux vin avec le nouveau, avant la mise en bouteilles, est une partie importante de la science du négociant; parce que, s'il doit rester à ce moment dans le liquide assez de ferments actifs pour transformer le sucre, il convient aussi de n'en pas laisser trop.

Cette science fut longue à acquérir. Elle débuta vers 1670 avec le bénédictin dom Pérignon, cellerier de l'abbaye d'Hautvillers, près d'Épernay, qui découvrit, dit-on, l'art de faire mousser le champagne, et substitua le bouchage actuel aux tampons de chanvre imbibés d'huile dont on se servait antérieurement. Il avait remarqué que ce vin conserve une grande partie de son sucre naturel jusqu'au printemps qui suit la vendange, et qu'il continue ensuite à fermenter lentement. Si l'on saisit le moment où le liquide est clair, sans toutefois être sec, pour l'enfermer dans des vases hermétiquement clos, le nouveau travail auquel il se livre a pour effet de transformer son sucre, partie en alcool et partie en gaz qui, ne pouvant s'échapper, reste en dissolution et produit la mousse.

La mousse enchanta tout d'abord ce petit clan de buveurs émérites qui formaient, à la cour de Louis XIV, « l'ordre des Coteaux », dont Saint-Évremond fut le missionnaire. Au surplus, ces docteurs en vin s'entendaient mieux à consommer qu'à produire, et quoique à l'époque de la Régence on eût imaginé d'ajouter au vin du sucre candi, on était encore assez peu fixé sur la mise en bouteilles, ou, selon l'expression technique, sur le « tirage » raisonné du champagne. Le premier essai industriel, fait en 1746, ne fut pas heureux : une casse effroyable se déclara à la prise de la mousse, et de 6000 bouteilles il n'en resta que 120. En 1747, un tiers encore se cassa; et il en fut de même jusqu'en 1780, où un marchand risquait pourtant un tirage de 50 000 bouteilles, opération qui parut gigantesque à l'époque. Ce fléau de la casse arrêta longtemps l'essor du « vin de Reims ». On n'avait aucune donnée sur la production de l'acide carbonique, et l'on s'en tenait à la dégustation pour savoir si le vin contenait assez ou trop de sucre, jusqu'à ce qu'un chimiste de Châlons-sur-Marne fût parvenu, en 1836, au moyen du gluco-œnomètre (flotteur de verre imaginé par Cadet Devaux), en faisant évaporer la partie alcoolique d'un volume donné de vin, à déterminer la quantité de sucre exactement suffisante pour produire une belle mousse.

Ce commerce a pris depuis lors une extension considérable. En 1844, le total des expéditions dépassait à peine 6 millions de bouteilles par an, dont 2 millions pour la France et 4 millions pour l'étranger. En 1864, la France en consommait 3 millions, l'étranger en absorbait 9. En 1880, la demande de la France ne s'était pas sensiblement accrue, mais l'exportation avait doublé. Enfin, du 1er mai 1893 au 30 avril 1894, le nombre des bouteilles vendues a été de 22 200 000, dont 17 300 000 à l'étranger et 4 900 000 en France. On le voit, la majeure partie de notre champagne nous quitte; d'après les chiffres officiels des quatre dernières années, nous en buvons à peine le cinquième et, dans la réalité, nous en buvons même moins, parce que les ventes faites par le département de la Marne au reste de la France comprennent d'assez forts stocks à destination des marchands en gros de l'intérieur, qui exportent à leur tour à l'étranger. Sous le rapport de la qualité, l'infériorité de notre consommation s'accuse encore davantage. Il n'existe pas ici de statistique positive, mais il suffit de consulter les grandes maisons de Reims et d'Épernay pour savoir que les champagnes les meilleurs, les plus chers aussi, prennent le chemin de la frontière.

La production annuelle du vignoble de la Marne était tombée depuis dix ans de 450 000 à 340 000 hectolitres. Elle demeurait néanmoins très supérieure à celle des vins mousseux; d'autant plus qu'il entre chaque année dans la région, pour la fabrication de l' « article » bon marché, une certaine quantité de vins du dehors. Afin de communiquer à ces intrus le parfum qu'ils doivent copier, on y verse de 25 à 120 grammes par bouteille d'une liqueur, prétendue mystérieuse, qui se compose de sucre candi fondu, à raison d'un kilo par litre, dans du vin blanc additionné soit de cognac et de teinture de vanille, soit de porto et d'eau-de-vie, avec quelques centilitres de kirsch et d'alcoolat de framboises. Lorsqu'il s'agit de vins de bonne marque, n'ayant pas besoin de ces condiments, la liqueur consiste simplement en sucre candi dissous dans du champagne de premier cru.

Si l'on arrête chaque année au 30 avril les comptes du commerce des vins mousseux, c'est que le 1er mai est pour eux une date importante, celle où commence le « tirage ». Avec les vins de plusieurs récoltes et de différents crus le négociant a composé des cuvées harmoniques. Comme il entre presque toujours, dans le mélange, des vins vieux ayant terminé leur fermentation, on profite de la mise en bouteille pour leur restituer le sucre nécessaire à la mousse, soit environ 15 grammes par litre. Le tirage devient une opération grandiose dans les caves d'où sortent annuellement 8 à 900 000 bouteilles, telles que celles des Clicquot, Mumm, ou Louis Rœderer, et jusqu'à 1 500 000, comme celles de Moët et Chandon.

A l'extrémité d'une salle vaste comme une gare de chemin de fer se trouvent des foudres énormes, dans lesquels viennent se déverser sans cesse les barriques, amenées du fond des galeries par un système de petits chemins de fer et d'ascenseurs. Pour que la liqueur soit également répartie dans le vin, une roue de bois semblable aux ailes d'un moulin tourne verticalement dans le foudre, fouettant le liquide, avant qu'il soit conduit par de larges tuyaux jusqu'aux machines à tirer. Celles-ci sont de longues bassines, dans lesquelles l'arrivée du vin est réglée soit par un flotteur en liège, soit par des soupapes automatiques, de façon à ne jamais dépasser un certain niveau. Par une dizaine de siphons d'argent ou d'étain fixés à l'appareil, dix bouteilles à la fois s'emplissent doucement toutes seules; une femme les accroche vides et les décroche pleines, de chacun des becs, à tour de rôle.

A sa droite se trouvent des paniers de bouteilles, apportés sans cesse du rinçage, fait mécaniquement lui aussi, avec des perles de verre — la manipulation des vins mousseux exige une vingtaine d'appareils distincts; — à sa gauche est la machine à boucher, manœuvrée par un homme dont le travail est assez pénible. D'une main il abaisse un levier, qui comprime fortement le bouchon dans un tube mobile, de l'autre il soulève la lourde barre d'acier — le *mouton*, comme on l'appelle — qui glisse entre deux montants, attachée à une poulie fixée au sommet et qui retombe ensuite sur le bouchon avec une telle violence et un tel bruit, que l'on ne peut s'expliquer à première vue comment la bouteille n'est pas réduite en miettes. Lorsque 80 ou 100 de ces machines fonctionnent en même temps sous le même toit, à peu de distance les unes des autres, c'est un terrible vacarme, et l'on ne croirait jamais qu'il faille autant d'efforts pour emprisonner dans du verre la gaîté classique des hommes de ce siècle, à qui la mousse aura servi de symbole.

La machine à agrafer, fonctionnant à côté de la précédente, empêche cette mousse de s'échapper avant l'heure, en scellant le bouchon à la bague de la bouteille par un morceau de fer carré. Le flacon prend place alors dans un véhicule d'osier, à compartiments, qui le conduit s'empiler en une de ces murailles de deux mètres environ de hauteur, que forment, aussi loin que l'œil peut porter, le long des avenues creusées sous la montagne crayeuse, les culs de bouteille et les goulots poudreux.

Il y demeure deux, trois ans, ou davantage; le stock des fabricants étant toujours trois ou quatre fois supérieur au débit annuel. Ce stock atteignait, au 30 avril dernier, 87 millions de bouteilles, outre 660 000 hectolitres en fûts. Lorsque vient son tour de partir pour des régions inconnues, on fait au vin sa dernière toilette, on lui donne sa dernière provision de sucre pour le voyage. La fermentation, en développant la mousse, a produit un dépôt semblable à la cendre d'une cigarette. Pour l'extraire, on met les bouteilles « sur pointes », la tête en bas, le long de tables-pupitres percées de trous. Pendant six semaines elles sont remuées légèrement chaque jour par un ouvrier exercé, qui leur imprime un déplacement circulaire. Il est alors procédé au « dégorgement ». Le dégorgeur, tenant la bouteille renversée, fait sauter l'agrafe, et, au moment précis où le bouchon sort avec explosion, entraînant le dépôt, l'ouvrier relève le col de manière à ne perdre que le moins de vin possible. Il ne reste plus qu'à doser la « liqueur d'expédition », variant, suivant la destination, de 2 centilitres par bouteille pour l'Angleterre, à 18 centilitres pour la Russie, puis à habiller, étiqueter et emballer.

L'ensemble de ces manutentions représente environ 1 franc par bouteille, y compris les fournitures : celle du verre, qui vaut de 20 à 40 centimes; du bouchon en liège de Catalogne, qui revient à 10 et 20 centimes; de la feuille d'étain argentée ou dorée qui le coiffe et se vend 1 ou 2 centimes; celle des étiquettes, fil de fer, caisse ou panier, etc.

Ce qui grève lourdement le budget des fabricants de champagne, ce sont les remises aux courtiers, qu'ils regardent comme indispensables à leur commerce. Elles atteignent un tel chiffre que, sur une bouteille des plus grands crus, vendue 6, 7 et 8 francs au public, le producteur ne gagne pas plus de un franc. Ce producteur étant le plus souvent un personnage fort à son aise ou une société commerciale très florissante, qui arrive à réaliser des bénéfices de 600 000 à 1 500 000 francs par an, il y aurait de la naïveté à s'apitoyer sur son sort.

Il n'en est pas de même des petits viticulteurs du reste de la France, de ceux du Midi en particulier. Ceux-là se plaignent de l'écart trop grand qui sépare le prix à eux payé par les négociants en gros, du prix auquel leur vin est revendu aux consommateurs par les débitants. Ces plaintes ne sont justifiées qu'en partie. Le procès du commerce de détail est actuellement pendant devant l'opinion publique; son organisation est vicieuse pour le vin, comme pour le pain et pour d'autres denrées et d'autres objets. Elle appelle une réforme, qui d'ailleurs est en train de s'opérer d'elle-même. A Paris, les débits de vins et spiritueux sont la plupart — dans la proportion des quatre cinquièmes peut-être — entre les mains des négociants en gros de Bercy ou de l'Entrepôt qui commanditent, créditent, soutiennent et multiplient à l'envi les uns des autres les innombrables comptoirs où ils écoulent ainsi leurs marchandises, à des conditions désavantageuses pour le public et pour eux-mêmes.

La corporation des cabaretiers est en effet l'une des plus instables et des moins solvables de la capitale; les agences de renseignements commerciaux en savent quelque chose. Depuis quelque temps le bar et l'épicerie font à celui qu'en argot parisien on appelle le « mastroquet » une concurrence active. Les gros négociants sont par là directement touchés, parce que l'épicier a plus d'avances, plus de surface, et qu'il tend à s'approvisionner directement chez les producteurs. De plus, dans cette révolution du commerce alimentaire qui se prépare, le vin devient pour l'épicier un article de réclame, comme le sucre ou le café. Il le sacrifie parce qu'il attire ainsi la clientèle et se rattrape sur d'autres objets. Le débitant a peine à le suivre, parce que le vin représente une trop grande part de son commerce restreint pour qu'il en abandonne les profits. Il est donc possible de prévoir la décroissance du nombre des détaillants de vin au litre.

Pour les vins vendus en pièces, le rêve de la plupart des producteurs est d'entrer en communication immédiate avec les consommateurs. Beaucoup d'entre eux l'ont réalisé par la voie des annonces, sans aller jusqu'à promener à travers la France, comme certains Méridionaux l'ont fait il y a deux ans, des réservoirs pleins de vin, montés sur wagon, d'une contenance d'environ 12 000 litres, dont ils opéraient la vente dans les gares. Diverses causes paralysent encore les relations directes : les propriétaires prétendent profiter seuls du bénéfice des intermédiaires qu'ils suppriment; ils tiennent leurs prix trop élevés, et l'acheteur n'a plus d'intérêt à s'adresser à eux, s'il ne trouve guère de différence entre la somme qui lui est demandée au vignoble et celle qu'il paie à un négociant du voisinage.

D'autre part, habiles à exploiter le désir du consommateur de s'approvisionner directement, une nuée de commerçants, non pas toujours des plus délicats, se sont installés dans les pays viticoles, d'où ils décochent, sous couleur de domaines imaginaires, des myriades de prospectus sur le reste de la France. Ces circulaires leur reviennent à 20 francs le mille (dont 10 francs de frais de poste, 3 francs d'adresses et de bandes, 7 francs de papier et d'impression); la commande d'une pièce par 1000 prospectus expédiés suffit à couvrir les débours. Ces factums, chefs-d'œuvre de bonhomie rurale, appellent la confiance et souvent n'y répondent pas. Le client, trompé, refuse de courir à nouveau les aventures avec des expéditeurs ou des représentants sur lesquels il est difficile de mettre la main.

Tantôt, au contraire, ce sont des clients mauvais payeurs ou purs escrocs qui se font livrer par d'honnêtes et trop naïfs propriétaires des vins dont la facture ne sera jamais réglée. Le vendeur, pris pour dupe, se décourage à son tour. Il faut bien que les agriculteurs comprennent que, s'ils veulent jouir des profits du commerçant, ils doivent se résigner à en apprendre le métier et à en supporter les charges : correspondance et recouvrements multiples; souci d'un bon conditionnement; et, en première ligne, préparation du vin pour le compte de gens qui ne savent pas le soigner eux-mêmes. Les sociétés coopératives de consommation et les syndicats vinicoles régionaux parviendront à grouper les offres des acheteurs et des vendeurs, et, en donnant aux rapports des uns avec les autres la garantie de la solidarité, ils aideront sans doute, dans un avenir peu éloigné, à l'avènement d'un état de choses plus avantageux pour tout le monde.

TABLE DES MATIÈRES

CHAPITRE II

L'industrie du fer.

CHAPITRE III

Les magasins d'alimentation.

CHAPITRE IV

Les établissements de crédit.

CHAPITRE V

Le travail des vins.

Coulommiers. — Imp. Paul BRODARD. — 792-95.

www.ingramcontent.com/pod-product-compliance
Ingram Content Group UK Ltd.
Pitfield, Milton Keynes, MK11 3LW, UK
UKHW020156250726
13967UKWH00003B/1088

9 782011 952950